城市与自然融合
新城绿地整合性设计研究

THE FUSION OF CITY AND NATURE
RESEARCH ON INTERGRATED DESIGN OF NEW CITY'S GREENLAND

张晋 著

U0195036

中国建筑工业出版社

图书在版编目（CIP）数据

城市与自然融合　新城绿地整合性设计研究/张晋著.
北京：中国建筑工业出版社，2018.10
ISBN 978-7-112-22591-0

Ⅰ.①城…　Ⅱ.①张…　Ⅲ.①城市绿地-绿化规划-
研究　Ⅳ.①TU985.12

中国版本图书馆 CIP 数据核字（2018）第 200870 号

项目名称：本科生培养—人才培养模式创新试验项目—建筑学卓越人才培养（市级）（项目代码：
PXM2014—014212—000015）

责任编辑：刘　静
责任校对：芦欣甜

城市与自然融合　新城绿地整合性设计研究
张晋　著

＊

中国建筑工业出版社出版、发行（北京海淀三里河路 9 号）
各地新华书店、建筑书店经销
北京佳捷真科技发展有限公司制版
北京京华铭诚工贸有限公司印刷
＊
开本：787×1092 毫米　1/16　印张：9　字数：223 千字
2018 年 12 月第一版　　2018 年 12 月第一次印刷
定价：**45.00 元**
ISBN 978-7-112-22591-0
　　　　　（32677）

前　言

　　城市发展与城市化所带来的问题一直是世界各国学者关注与研究的主要领域之一。当下中国作为世界城市化的主要阵地，城市建设与自然之间的矛盾也突出地显现出来，这个矛盾较为集中地体现在大规模的新城建设领域，那么如何在新城建设过程中深刻地认识城市与自然的关系并通过某种途径使得城市与自然能够很好地融合就显得尤为必要，而"绿地"（Greenland）作为一种同时具有城市与自然属性的媒介，能否成为缓解矛盾冲突并促进两者融合的平台？

　　对于西方发达国家来说，城市化已经进入尾声，尤其是大规模的新城建设都经过了高潮时期，那么作为后来者的中国新城建设，是否能够很好地了解国外新城及其绿地建设的历史与问题，并在此基础之上结合本国情况在新城绿地建设上发挥后发优势，形成针对解决城市与自然关系问题的绿地结构与体系，就成为本书研究的出发点。

　　本研究主要包括四个部分：城市与自然关系的讨论以及风景园林的新使命；新城及其绿地建设的历史发展与问题研究；绿地整合模式的提出；新城绿地整合体系的构建。首先，将新城建设置于城市与自然关系演变的大背景中，通过城市雏形时期、农耕文明时期、工业文明时期和生态文明时期的阶段性划分，确定了城市与自然融合理念在当下的回归，同时分析风景园林在不同阶段的参与方式与作用，确立其在城市与自然的融合趋势下的导向性作用。其次，针对新城梳理其城市及绿地建设的发展脉络，探究两者的相互影响与新城绿地建设的阶段性问题。再次，在前两部分的基础上提出新城绿地要发挥系统性的整合作用，提出针对整合理念的设计价值观，并对整合的对象、新城绿地发挥整合作用的优势和绿地整合的理论借鉴进行阐释。最后，提出建立针对城市与自然融合的新城绿地整体体系，将其划分为绿地作为区域生态保护的整合、绿地作为城市与自然中间领域的整合和绿地作为连接与渗透结构的整合三个不同层次，从意义、范畴、具体方法三个方面对各个层面进行阐述。

目　录

1 绪 论

1.1 相关概念的解析

1.1.1 新城

1.1.1.1 新城发展阶段概述

从字面意义上来说，新城可以被广义地理解为"新建的城市"，但这并不能从本质上说明新城作为一种规划与建设手段的特殊性，也不能体现其与自然关系的重要性。真正意义上作为规划与建设手段的"新城"（New Town）起源于英国，脱胎于霍华德的"田园城市理论"，其产生背景是"工业城市扩张导致的城市过度增长与城市环境恶化"（Frederic J. Osborn，1977）。1946 年，英国在世界范围内第一个颁布了针对新城建设的《新城法》（New Town Act）并开始了以政府为主导的大规模的新城建设，此后其他各个国家与地区效仿英国也纷纷开始了各自的新城建设。以英国为例，英国新城建设就以 1960 年前后为分割点，被划分为两个阶段共三代新城建设（迈克尔·布鲁顿，2003）；而对于整个西方发达国家的新城建设，国内学者则将其划分为四个主要阶段（表 1-1）。

西方发达国家新城建设发展分析 表 1-1

	第一阶段	第二阶段	第三阶段	第四阶段
发展阶段	快速工业化，大都市空间向外扩张	经济迅速增长，大都市内部饱和	经济持续增长	经济发展达到中等发达水平
发展政策	控制大都市区人口的过度密集	实行大规模产业基地的重点开发	区域多核心发展战略	抑制大都市圈的过度集中，都市复兴
空间结构				
建设目的	解决大城市问题，促进经济萧条地区的发展	通过大型项目开发带动地区发展，实现都市区人口、产业转移	通过广域开发方式，实现都市区功能和产业的整合与转移	重视城市内部的再生与整合
主要类型	卧城、工业新城——解决大城市问题型	功能完整的卫星城——区域增长中心型	多种形式的新城——解决大都市问题型	新城建设基本停止

（资料来源：刘佳燕，《借鉴国际经验，适时推动我国大都市区新城建设——以广州新城概念规划为例》）

1

1.1.1.2 新城定义及类型综述

对于新城的定义主要分为两类：一类是从新城与主城关系层面进行定义；另一类是从新城建设活动本身进行定义（表1-2）。

新城的定义 表1-2

分类角度	强调特性	定义
从新城与主城关系层面进行定义	强调新城"经过规划""与主城保持相应距离"和"功能完善与独立"三个典型特征	1.新城是一种城市规划的方式，主要是通过在大城市以外重新安置人口，提供住宅、医疗保障设施和工作岗位，同时设置休闲文化设施，形成新的、相对独立的社区； 2.新城主要是指那些在原有城市郊区经过规划新建的用于疏解中心城区人口，分担中心城市功能，同时又相对独立的城市； 3.新城是在大城市空间扩张的过程中，在距原有城市中心一定距离的区域依托原有结构经过全面规划新建的相对独立的城市； 4.新城是位于大城市郊区，与大城市之间通过绿带分隔，并且能够分担一部分与之相对的大城市中心城区居住和产业功能的相对独立的城市社区
从新城建设活动本身进行定义	强调新城的"新建性"，弱化与主城的位置关系与功能完善性	1.新城是一个经过综合性规划的具有城市性质的社区，其规划建设的目的就是通过提高自身的经济水平与各项基础设施的完善程度使其自身能够尽可能达到自给自足； 2.新城是经过全新的统一规划与建设的城市型居住空间； 3.新城是在建设之初就被规划设计好并按照这个规划设计进行建设的城市、城镇或社区

与新城的定义相比，对于新城的分类则更加多样，从与主城关系、设立原因、建设基础等方面可以分为（表1-3）。

新城的类型（一） 表1-3

以与主城关系分类	以设立原因分类	以建设基础分类
1.完全独立存在的新城镇； 2.功能上作为中心城市的外延部分，而在地域上与之分离的城镇； 3.作为都市建成区延展部分的城镇 （前两类可视为大城市的发散性拓展，而第三类则具有城中城甚至都市复兴的性质）	1.居住型新城； 2.工业开发先导型新城； 3.知识型新城； 4.扩张型新城； 5.业务型新城	1.全新建设型； 2.卫星城发展型； 3.开发区发展型

而在不同国家中，对于新城的类型划分也根据国家自身情况有所不同（表1-4）。

新城的类型（二） 表1-4

国家	类型划分
英国	新城主要是指仅限于《新城建设法》下所建的城镇，以田园新城为代表，如斯蒂夫尼奇新城（Stevenage）、哈罗新城（Harlow）等
法国	近郊区的大型住宅区和边缘区的卫星城，如埃夫里新城（Evry）、马恩河谷新城（Marne la Vallee）等
日本	中心城市周边的卫星城、业务核心城市，如筑波产业新城等
美国	所有大城市周围、原有城镇基础上、市区内新建或改建以及卫星城都被划在新城的范畴之内，包括城中城（New Towns in Town）、卫星城（Satellites）、新城市（New Cities）、休闲新城（Recreation New Towns）、规划发展单元（The Planned Unit Development，简称PUD）

1.1.1.3 本研究中新城的定义

从上述对新城的定义及类型的介绍中我们可以看出，新城的定义与类型并不完全具有统一的标准，都是随着时代背景的变迁和各自国家的不同建设情况而异。其中"统一规划"，即"新建性"这一特点是新城共识性的特点之一，而不同点主要集中在"是否位于主城外部且与主城保持空间上的分离"和"是否具有综合城市功能与规模且完全独立"这两点上。其实这两点互为因果，简单来说，新城与主城空间距离的拉开就必然意味着新城自身要形成一个能够自我维持的、相对独立的城市综合体，必须拥有能够满足居民就地生活、就业、居住、休闲等多种城市功能。早在1945年，英国新城委员会（New Town Committee）在其确定的新城开发一般原则中就指出："新城应能综合配套并就地平衡工作岗位和生活"（张捷，2007），为的就是防止"新城工作老城居住"的钟摆效应。所以结合城市发展与自然关系的论述角度及国内新城的发展情况，本研究对新城的定义倾向于在保留新建性特征的基础上将后两点分歧进行折中，解释如下：

首先，对于"是否位于主城外部且与主城保持空间上的分离"这一点，研究倾向于保留位于主城外部的特征，但并不强调是否保持空间上的分离。新城问题的核心是新城与主城的关系问题。新城之所以作为一个专有名词出现，与其相对的便是主城，真正意义上的新城是主城在规模与人口发展到一定阶段下城市跳跃式发展的产物，是减轻城市人口压力和防止城市单极膨胀的规划手段。如果将原有城市结构内部的城市更新或者"城中城"也称为新城，那将会导致认识的进一步混乱，而且这样的内部更新项目由于很难与外部自然环境发生关系，所以也就不在本研究的讨论之列。

其次，在空间位置上确定位于主城外部的基础上是否要与主城完全脱离其实是很多专家学者所讨论的"类新城"与"新城"的区别。所谓类新城是指规划选址在大城市郊区，有就业、居住、购物等综合性城市功能，以安置大城市向外疏散的人口和产业为主的一种人居形式（张捷，2005），也有人将其称为"近郊新城"（林仲煜，2009），较有代表性的有上海的宝山、闵行、嘉定等新城，北京的通州新城等。而与其相对的是远郊的卫星城，较为有代表性的有北京的怀柔、平谷等新城。从城市发展角度来说，这两种新城建设方式都顺应了城市的发展，都具有十分重要的意义；而从城市与自然的关系来看，这两种新城的建设都是在原来的非集中建设区域进行建设，都与所处的外部自然环境发生着密切关系，所以这两类新城都属于本研究涉及的新城范围。

综上所述，本研究中新城的定义为：与土城相对且选址位于城市近远郊区的经过统一规划建设的综合型城市区域，包括近郊新城和远郊卫星城两种主要类型。

1.1.2 绿地

1.1.2.1 绿地的定义与分类

绿地是我国城市用地分类中的一项，可被简要概括为覆盖绿色植被的土地。《辞海》中的定义为：配合环境创造自然条件，适合种植乔木、灌木和草本植物而形成一定范围的绿化地面或区域；或指凡是生长植物的土地，不论是自然植被或人工栽培的，包括农林牧生产用地及园林用地，均可称为绿地（刘颂，2011）。在《城市规划基本术语标准》（GB/T 50280—98）中将城市绿地定义为：城市中专门用于改善生态、保护环境、为居

3

民提供游憩场地和美化景观的绿化用地。在《城市绿地分类标准》（CJJ/T 85—2017）中将绿地分为公园绿地、防护绿地、广场用地、附属绿地和区域绿地五大类，而针对由各类绿地所组成的城市绿地系统进行统一规划与设计正是风景园林规划与设计领域的工作范畴之一。

对于绿地的概念定义体现了绿地的自然表征特点及对绿地认识的两个层面，狭义层面体现了绿地的人工属性，即在城市建设区内人工种植植物、模拟自然形成，从而形成一定绿化面积的人工绿地；而在更加广义的层面则体现出了绿地所拥有的自然及人工属性的结合，绿地不应仅仅是指经过人工栽植各类花草树木而形成的绿色空间，同时也包括自然生长的动植物环境，这就将传统绿地的范围大大地扩展了，具有市域的概念。将绿地这两个层面的含义带入城市绿地概念中就使得城市绿地也拥有了两层不同的意义，即广义的城市绿地和狭义的城市绿地。在《城市用地分类与规划建设用地标准》（GB 50137—2011）中将绿地的表述局限于城市建设用地范围之中，仅包括公园绿地、防护绿地、广场用地三个大类。在《城市规划基本术语标准》（GB/T 50280—98）中也只是将城市绿地定义为"城市中专门用于改善生态、保护环境、为居民提供游憩场地和美化景观的绿化用地"，属于狭义的城市绿地范畴。虽然在新版《城市绿地分类》中将位于城市建设用地之外、具有城乡生态环境及自然资源和文化资源保护、游憩、健身、安全防护隔离、物种保护、园林苗木生产等功能的风景游憩绿地、生态保育绿地、区域设施防护绿地、生产绿地等划为"区域绿地"，但由于其大部分位于城市核心建设用地之外，并在城市规划层面仍被划入非建设用地范畴，这使其无法很好地参与到整个城市绿地体系的构建中来。

1.1.2.2　本研究对于绿地范围的界定

基于以上分析，本研究中的新城绿地选用的范围属于广义绿地范畴，即将范围扩展到整个市域范围中去，扩大了传统城市绿地的外延，将建成区之外的自然要素与人文景观涵盖进来，不仅仅是将绿地看作是"绿化"用地，也为分析城市绿地导向下的城市与自然融合与基于融合理念的新城绿地整合性涉及研究奠定基础。

1.1.3　整合

整合（Integration）作为一个常用词语，广泛地出现在各类型的论述中，现代汉语词典中将其定义为：通过整顿、协调重新组合，而其作为一个专业术语，在数学、生物、物理等学科中的应用由来已久。如在生物领域中，整合是指有机体不同级别的每个组成部分之间形成紧密结合的结构、相互功能进行互补，从而形成一个完整的统一的系统；在心理学领域，斯宾塞在《心理学原理》中主张神经系统的构造与机能是互相平行地发展的，动物的神经系统的复杂程度与其心理活动的复杂程度呈相关趋势，从而形成越来越高级的机能整合；而在关于人类学的研究中，博阿兹（F. Boas，1858—1942 年）在 1897 年也提出了有关整合的修正原则（黄宏伟，1995）。

整合作为一种思想与方法，对其在哲学层面的理解尤为重要。

1.1.3.1　系统与系统论

"系统"一词来源于古希腊，指的是复杂事物的总和。发展至近代，很多领域的研究专家及学者常用"系统"一词来表示具有复杂结构的整体。1968 年，美籍奥地利裔生物学家贝塔朗菲（L. V. Bertalanffy，1901—1971 年）发表了其经典著作《一般系统论：基础、发展和应用》（General System Theory：Foundations，Development，Applications），其开篇就指明了"系统无处不在"，从此诞生了"系统论"的概念（贝塔朗菲，1987）。系统论的观点是任何外在表现出来的现象、规律、过程、行为等归根结底是要素与要素之间相互影响与作用的结果。而在我国，首先提出系统科学这一科学体系的是著名的科学家钱学森，他于 1978 年首次使用了"系统科学"这一个词并提出系统论应该成为系统科学与马克思主义哲学之间的桥梁，从而奠定了系统科学在我国发展的基础（葛永林，2013）。

在对于"系统"这一词的定义方面，贝塔朗菲认为可以将系统定义为一个由多种因素相互作用所形成的复杂体或者是处于一定的相互关系中并与环境发生关系的整体（贝塔朗菲，1987）。复旦大学朴昌根教授在《系统学基础》一书中将系统定义为"对任意选定的某种性质具有特定关系的诸要素的集合体，或者对任意选定的某种关系具有特定性质的诸要素的集合体"（朴昌根，2005）。而著名科学家钱学森则认为，系统是由相互关联和相互制约的各个部分组成的具有特定功能的有机整体，强调系统之所以可以称为系统，至少需要三个条件：相互联系的各要素、具有特定结构、具有特定的功能，即要素、结构和功能三个因素（钱学森，1991）。

系统论的核心思想是其系统的整体性观念，就是用系统性的眼光来看待所要研究和处理的对象，分析各要素之间的组成结构与功能，分析要素与整体之间的相互作用与影响，并在此基础上对系统形成一定的优化，这就确定了系统论的研究对象就是系统本身及其包含的各个要素，而系统论研究的目的是在认识这些联系与规律的基础上来创造、改造或者是维护管理一个系统，并使其为人服务。

1.1.3.2 对于整合的定义

"整合"是系统科学的一种方法论。

首先，系统是由本身相互独立的各种因子共同组成，各个因子在系统中都发挥着自己本身的效能，从而形成一种整体的效益。各个因子效益的发挥并不具有相互的调控性，形成的是一种自下而上的整体效益，这就会导致由于各个因子不相匹配和相互冲突而引发系统混乱。所以整合是在对系统中的各组成因子的时空属性、功能作用等建立了解的基础上使各个因子之间建立明晰正确的关系并实现系统效益的最大化（许勇铁，2013）。

其次，整合并不是所有因子的均质化，而是形成一个一个矛盾相互妥协的共同体。在这个共同体之中，各个因子仍然具有独立个性，换句话说，整合是一种包含着差别的同一，是一种辩证的同一，而不是单纯的抽象的同一（庞跃辉，2006）。

最后，整合所产生的结果会因为整合方法与整合过程的合理性程度而产生变化。当因子与因子之间构成有序化的、相互协调的有机性整体时，会产生出任何组成该整体的单个因子本身所不具备的功能，这种功能远远大于各因子功能的简单叠加；而当因子与因子之间是以无序的、相互冲突的方式构成一个整体的时候，整体功能的发挥就会小于组成该整体的各因子本身功能的叠加。这可以简单地理解为：当正确的整合方法得到应用时，产生的结果是 $1+1>2$；而当不正确的整合方法被应用时，产生的结果就会是

$1+1<1$。

基于上述分析，本研究中将整合定义为：在对系统中不同因子进行分析的基础上，对各个因子进行优化组合并建立联系机制，使其成为一个有机的整体，并发挥出比原有构成模式更大效能的过程。

1.2　研究背景

1.2.1　我国城市化背景下的"新城模式"方兴未艾

城市是人类社会空间结构的一种基本形式，是人类文明发展的标志，《辞海》中将其主要特征定义为：非农业人口集中，一定区域范围的中心（政治、经济、文化），以及多种建筑物组成的物质设施的综合体等。在这些基本特征中，大量的从事工业、金融、商业、文教、交通等非农业生产活动的人口的集中，以及其政治、经济、文化中心的形成，是城市的本质特征，充分显示出在国家和地区中的重要职能和作用。相对于西方欧美发达国家在 20 世纪 70 年代相继完成城市化的过程，中国是当今世界范围内城市化建设的核心地区，美国经济学家、诺贝尔经济学奖获得者斯蒂格利茨（Stiglitse）曾经说过："有两件事对 21 世纪的人类社会进程影响最为深刻：一是以美国为首的新技术革命，二就是中国的城市化"。据统计，中国城镇建设用地面积从 1981 年的 $6720km^2$ 增加到 2008 年年底的 $39140.5km^2$，年均增加超过 $1200km^2$，城市化水平 2011 年已达 51.27%，到 2050 年，预计将达到 70%，城镇总人口将超过 10 亿（李迅，2008）。美国地理学家诺瑟姆（Ray M. Northam）于 1979 年提出了"诺瑟姆曲线"公理，将世界各国城市化进程概括为一条被拉长的"S"形曲线。在曲线模型中将城市化水平处于 30% 以下界定为城市发展的初期阶段；将城市化水平处于 30%～70% 界定为城市发展中期阶段，即加速发展阶段；而当城市化水平为 70% 以上时则进入了城市发展的后期阶段（刘亚臣，2009）。这就意味着在未来的一段时期内，中国的城市化水平将继续处在城市化中期水平，即中国的城市化还将处在一个高速发展的阶段。

在城市化高速发展的大背景下，《中国 21 世纪议程》提出："适当控制大城市人口增长过快的势头，发展大城市的卫星城，大力发展小城镇；并同时进行完善城市基础设施和组织城乡综合开发与建设"（陈成文，刘剑玲，2004）。这意味着国内原有城市的"摊大饼"式的持续扩张将进一步向内城更新与新城建设两个方面转变。内城的更新由于影响范围有限及固有城市结构及功能布局的限制，无法在城市化过程中起主要作用，而"新城"作为一种经过统一规划的跳跃式发展的城市化政策与手段在城市化的浪潮中扮演了极为重要的角色。

新城，尤其是远郊新城，与主城在空间结构上脱胎于"卫星城"，我国在 20 世纪 50 年代就开始了卫星城的规划与建设，旨在对城市中心区密集人口和市内大型工业进行疏散。在随后的 20 年中，由于国内大城市发展尚处于上升阶段，新城的发展较为缓慢，真正意义上的新城很少。直至 20 世纪 90 年代，以珠三角、长三角、京津塘为代表的地区才开始了大规模的新城建设运动（刘佳燕，2003），其中尤以北京、上海、天津等城市最具代表性（表 1-5）。

我国主要城市的新城建设

表 1-5

城市	新城	规划来源与时间	规划图
北京	通州 顺义 亦庄 怀柔 密云 平谷 大兴 房山 昌平 延庆 门头沟	《北京城市总体规划(2004—2020 年)》	
上海	宝山 嘉定—安亭 青浦 松江 闵行 奉贤南桥 金山 临港 崇明—城桥	"十一五"规划纲要,"1966 城镇体系"	
天津	西青 津南 汉沽 大港 蓟县 宝坻 武清 宁河 静海 京津 团泊	《天津市城市总体规划(2005—2020 年)》《天津市空间发展战略规划》	
杭州	余杭 临浦 瓜沥 义蓬 塘栖 良渚	《杭州城市总体规划(2007—2020 年)》	

　　而在全国其他地区，新城的建设也在如火如荼地开展，据相关学者统计，截至2012年1月，全国新建在建新城项目多达百余个（以生态新城为主）（李海龙，2012）。由此可见新城模式在我国城镇化建设中的突出地位。

1.2.2　我国新城建设中城市与自然矛盾凸显

　　在世界范围内，城市化与城市化问题相伴而生，其中城市化扩张对自然环境的侵占与破坏及如何在城市化过程中寻求城市与自然的和谐共处一直是相关各领域专家持续探讨的热点问题之一。城市与自然矛盾问题主要可以总结为以下两个方面：一是城市与自然的空间矛盾。城市及城市化的进行实际是人口与土地的城市化过程，是农村人口向城市的转移和非城市用地向城市用地转化的过程，这就意味着城市的发展必然导致城市向外扩张、自然资源及环境受到影响与侵占。二是城市与自然的属性矛盾。城市化过程是人工行为，城市是人通过主观能动性而为自身建立的生活环境，因非自然材料及工程技术的应用而带有强烈的人工属性。人作为自然界的生物之一又与生俱来地带有自然属性，人们既渴望生活在城市中，同时又渴望与自然的接触，即欧阳修所说的"富贵者之乐"与"山林者之乐"的矛盾。

　　从城市与自然的关系来看，城市化必然会导致城市对自然影响的加大，这是世界各国新城建设过程中都会面临的问题之一。而在我国，这一问题由于国内新城建设自身特点的原因，矛盾更加凸显。

　　首先，国内新城建设尺度过大导致的对自然环境侵占严重。城市建设，尤其是新城的建设大多位于城市规划范围内的原非集中建设区域，这类区域中自然环境所占比重较大，新城建设的尺度越大，其对自然环境的占用及破坏就越大。以北京11个新城与伦敦9个新城的规划面积的对比中我们可以看出，伦敦9个新城中最大规划面积为89km²，最小为9.5km²，其他平均在20～25km²，而北京11个新城中最大规划面积为162km²，最小为18km²，其他平均在50～100km²（表1-6）。虽然其中很大的原因是国内人口数量及空间资源决定的，但导致的问题却不会因为客观原因而可以被忽视。

伦敦9个新城与北京11个新城比较　　　　　　　　　　　　　表1-6

主城	新城	距主城中心距离(km)	规划人口规模(万人)	规划占地面积(km²)
伦敦	斯蒂夫尼奇(Stevenage)	50	6	25.3
	克劳利(Crawley)	51.5	5	24
	赫默尔·亨普斯特德 (Hemel Hempstead)	42	6	23.9
	哈罗(Harlow)	37	6	25.9
	哈特菲尔德(Hatfield)	32	2.5	9.5
	韦林花园城 (Welwyn Garden City)	32.2	5	17.5
	巴斯尔登(Basildon)	48	5	31.7
	布拉克内尔(Bracknell)	48	2.5	13.4
	米尔顿·凯恩斯 (Milton Keynes)	72	25	89

续表

主城	新城	距主城中心距离(km)	规划人口规模(万人)	规划占地面积(km²)
北京	通州	20	119	85
	顺义	30	90	162
	亦庄	16.5	70	100
	大兴	18	60	65
	房山	20	60	75
	昌平	30	60	65
	怀柔	50	35	40
	密云	65	35	40
	平谷	70	25.7	27.5
	延庆	74	15	18
	门头沟	26	25	25

其次，对国外新城模式的盲目抄袭导致自然地域性的缺失。新城建设中城市特色的营造是重要的问题之一，而城市特色与地域特色相辅相成，应是自然与人文地域特色的体现。而国内新城由于起步较晚，发展时间短，并没有形成如英国、美国等国家鲜明的新城发展脉络与风格，又加之"后发优势"过程中对西方新城模式的盲目引入与借鉴，使得很多新城建设呈现出一种"迪士尼化"，较典型的例子之一是上海的"一城九镇"和临港新城中心区的"再造田园城"。上海市政府于2001年颁布了《关于上海市促进城镇发展的试点意见》，其中对上海周边新规划的9座新城提出了引进国外经验、打造不同特色风貌的"一城一貌"的建议。在这一建议的指导下，这9座新城之中的松江、浦江、高桥、安亭、宝山罗店、南汇周浦、崇明堡和奉贤奉城8座新城被分别打造为英式、意大利式、美国式、荷兰式、法国式、澳大利亚式、德式和北欧风格，成了外国小镇在中国的翻版（郑颖，2009）。而在上海临港新城主城区的建设中，更是将霍华德的田园城市模型几乎原封不动地复制出来（图1-1）。这些新城的建设不顾城市所在区域的地域自然属性，是对"一城一貌"的错误解读，导致了城市自然地域性的缺失。

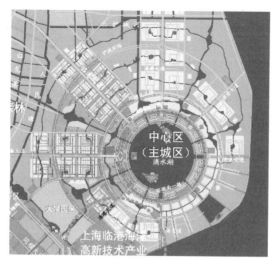

图 1-1 上海临港新城主城区规划平面图

（图片来源：上海市城市规划设计院，《临港新城总体规划》）

1.3 国内外研究现状概述

1.3.1 城市与自然关系方面研究

1.3.1.1 城市历史

城市与自然的融合是本研究所遵循的核心价值理念，城市与自然的关系是一个宏大的命题，涉及此方面的相关研究十分丰富且庞杂，对于城市与自然关系的研究首先要对城市发展历史具有较为清晰的认识。

美国著名的城市及社会理论家刘易斯·芒福德（Lewis Mumford）的《城市发展史——起源、演变和前景》（The City in History - A Powerfully Incisive and Influential Look at the Development of the Urban Form through the Ages，1961）可以说是最为经典的阐释城市发展历史的早期理论著作之一，书中详细介绍了从原始社会的墓地、圣祠到工业革命后期西方城市的发展脉络，对城市的形成、城市问题和城市未来的发展都进行了深入的思考。彼得·霍尔（Peter Hall）的《明日之城：一部关于20世纪城市规划与设计的思想史》（Cities of Tomorrow：An Intellectual History of Urban Planning and Design in the Twentieth Century，2002）对整个20世纪城市规划的理论与实践进行了梳理，以故事的形式叙述了城市规划层面很多经典的理论与模型。

在国内城市发展历史研究方面，同济大学城市规划教研室编著的《中国城市建设史》（2004）较为系统地阐述了从古代奴隶制社会到近现代的中国城市发展及建设的相关情况和城市建设过程中的问题。傅崇兰、白晨曦等人所著的《中国城市发展史》（2009）从社会、居住环境、建筑形态等方面出发，阐述了"天人合一"等中国古代文化理念对城市发展的影响。薛凤旋所著的《中国城市及其文明的演变》（2010）将历代城市发展与社会、经济等方面的重大文明事件相结合，探求城市发展与文明演变的关系。马正林所著的《中国城市历史地理》（2013）从历史城市地理学的角度对中国城市的起源、城址选择、城墙、类型、形状、规模、平面布局、水源、园林与规划等诸多方面进行了分析。

关于城市历史方面的著作可谓卷帙浩繁，以上只是对较为典型的部分著作进行了梳理，这些关于城市发展历史的重要著作为研究城市与自然关系提供了重要的历史资料与历史依据。

1.3.1.2 自然价值观

20世纪60年代西方生态学的兴起使人们越来越将研究的目光对准了已然遭到严重破坏的自然，对于人与自然关系的认识在很大程度上影响到了城市建设，也影响到了后续的城市与自然之间的关系。

美国著名环境史学家唐纳德·沃斯特（Donald Worster）的《自然的经济体系——生态思想史》（Nature's Economy，1994）是较为著名的一本探讨生态学起源及其影响的著作，书中批判了传统的"帝国式"自然观引导下的对自然的破坏，对人与自然的关系进行了深入的分析与思考。英国著名环境学者戴维·佩珀（David Pepper）所著的《现代环境主义导论》对西方在自然环境问题上的观点进行了总结与介绍，将帝国式自然观定义为"技术中心论"，批判了工业革命时期将自然当作供人索取的工具的观点。美国环境学者巴里·康芒纳（Barry Commoner）在其《封闭的循环——自然、人和技术》（The Closing Circle-NATURE，MAN AND TECNOLOGY，1980）一书中从环境危机的角度入手，批判了人们对整个自然生态系统的破坏，提出为了人类的生存要重建被我们毁坏的自然。被誉为"环境伦理学之父"的美国著名哲学家罗尔斯顿（Holmes Rolston）在其《哲学走向荒野》一书中从哲学的角度出发对何为遵循自然、生态学的哲学含义等问题进行了分析，将自然的价值总结为经济价值、生命支撑价值、消遣价值、科学价值、审美价值、生命价值、多样性与统一性价值、稳定性与自发性价值、辩证价值和宗教象征价值。

1.3.1.3　城市与自然的结合

城市与自然的结合是在上述城市历史及自然价值观研究的基础上针对城市建设实践所进行的理论探索。

伊恩·麦克哈格（Ian McHarg）的《设计结合自然》（Design with Nature，1969）是较为经典的理论与实践相结合的著作之一，强调宏观区域层面城市与自然的结合，其提出用适宜性评价的方法来减少城市建设对自然的影响与破坏。道格拉斯·法尔（Douglas Farr）的《可持续城市化：城市设计结合自然》（Sustainable Urbanism：Urban Design With Nature，2007）一书在可持续发展理论背景下提出建筑师和城市设计师应该通过改造各种建成环境来促进人类和自然的和谐共处。理查德·瑞吉斯特（Richard Register）的《生态城市：重建与自然平衡的城市》（Ecocities：Rebuilding Cities in Balance with Nature，2006）一书在生态城市理论背景下提出城市建设要以生态学为指导原则，使城市与自然能够在相互平衡的状态下共存。而迈克尔·哈夫的《城市与自然过程——迈向可持续性的基础》（Cities and Natural Process：A Basis for Sustainability）对运转中的自然过程以及它们如何在城市环境中发生改变进行了讨论，并由此提出一个设计框架，以形成一种替代性的、更接近环境本质的城市视角。

在国内，相关城市与自然结合方面较为有代表性的是著名学者钱学森提出的"山水城市理论"。鲍世行、顾孟潮主编的《城市学与山水城市》系统地阐述了钱学森"山水城市"思想的形成过程，以及相关专家对此的理论研究与发展。傅礼铭在《山水城市研究》一书中提出山水自然观体现的是一种天人合一的哲学观，需要对中国古代山水诗词、山水画、园林建筑的意境进行综合性研究。汪德华的《中国山水文化与城市规划》通过探索中国古代山水文化的形成，探讨将其融入现代城市建设的可能性，体现了科学技术与文化艺术的结合。在上述山水城市研究的基础上，清华大学吴良镛教授的《人居环境科学导论》对山水城市理论进行了进一步的延伸并提出人居环境科学理论，强调人居环境应该是一个包括建筑、城镇、区域的大型复杂系统，目的是创造良好的、与自然和谐的人居环境，让人们能诗意般、画意般地栖居在大地之上。

1.3.2　新城绿地方面研究

新城绿地属于城市绿地的范畴，对于城市绿地的认识是本研究写作的基础之一。从整体层面来说，城市绿地的发展经历了传统园林、公共绿地、绿地体系化、绿地生态化等几个重要阶段，这几个发展阶段的演变伴随着人们对绿地认识的深化和绿地建设理念的转变。本研究对于新城绿地的分析正是在城市绿地整体发展脉络及形态演变的背景下展开。

1946 年英国颁布《新城法》并首先在世界范围内开始了大规模的以政府为主导的新

城建设。由于新城较早地出现于以英国为首的西方国家，而这些国家的新城几乎都是在各自国家的《新城法》的指导下进行建设，所以在国外对于新城的研究多集中于政策及城市开发建设层面，较少涉及专门针对新城绿地的研究与介绍，关于新城绿地的介绍大多零散分布对各个案例的具体分析之中。由于西方国家大规模的新城建设在 20 世纪 80 年代左右就基本停止了，所以对于新城的研究也主要集中于这段时间。

英国学者 Peter Hall 于 1972 年出版的《新城——英国经验》(New Town - the British Experience) 一书是世界范围内最为著名的阐释新城规划理念以及新城运动在全世界范围内经验的著作之一，书中主要针对新城发展的历史及其新城建设的政策进行梳理与评价。Frederic J. Osborn 与 Arnold Whittick 于 1977 年出版的《新城——它们的起源、成就与过程》(New Towns - Their Origins，Achievements and Progress) 对新城建设（以英国为主）的起源、政策，及英国新城对世界范围内新城建设的影响进行阐述并对英国的 32 座新城从规划、建筑、邻里、新城中心、工业布置等多个方面进行逐一介绍。Frank Schaffer 的《新城故事》(The New Town Story) 一书则主要针对新城建设过程中部门合作、土地使用与规划、住房分配、娱乐设施布置等方面对新城的建设进行评价。

这些对于当时新城建设现状及评价的第一手资料成为研究当时新城绿地建设情况的重要资料来源。同时，西方国家大规模新城建设时期所采用的典型城市规划理论也对新城绿地的建设产生了重要影响，如霍华德的"田园城市"、英国的"绿带政策"、佩里的"邻里单元模式"、索里亚玛塔的"带状城市"等，这些城市规划理论对新城绿地建设的影响也将在后文进行专门阐述。

在国内，对于新城绿地的专门性研究同样相对较少，资料的收集主要来自于对新城的专门性研究和各论文杂志中对新城及其绿地景观规划设计的典型案例介绍与分析。

由于国内新城建设起步较晚，对于新城的研究主要可以分为两个方面：一是对于西方国家新城发展的历史、新城建设所依据的城市建设理论及新城建设现状进行分析与梳理，如张捷、赵民等在《新城规划的理论与实践》(2005) 和《新城规划与建设概论》(2009) 等书中从新城思想的历史追溯、早期相关实践、各国新城建设背景、政策目标、运行机制等多方面进行分析，并结合国内外案例进行梳理。二是从城市空间形态方面研究新城，如殷铭、段进等人在《空间研究 8 · 当代新城空间发展演化规律：案例跟踪研究与未来规划思考》(2011) 一书中以新城空间发展的典型案例——宁波鄞州新城的跟踪调查为基础，通过量化分析、形态模拟、访谈调查等方法，从空间形态的演化规律、形态设计与自组织的作用表现、规划实效性调查评估等方面深入剖析了中国当代新城的空间发展演化规律。陈红霞、林仲煜、杨卡等人的博士论文《基于空间均衡的新城发展机理研究》(2008)、《近郊新城可持续形态的构建》(2009)、《我国大都市郊区新城社会空间研究》(2008) 等也都是从形态层面来研究新城。这些研究不但为本研究提供了国内新城建设的相关资料，同时也涉及对国外新城建设情况的梳理，能够与国外新城的第一手资料进行比对与相互补充。

在国内新城绿地建设的典型案例方面，由于国内新城当下发展的时效性，关于新城绿地规划与设计方面的文章较为丰富，所以其成为本研究重要的研究资料来源之一，且案例类型也较为丰富。如马提亚斯·奥格连、丁利的《曹妃甸生态城的公共空间及水系和绿化》、王晓阳的《倡导低碳的生态城景观规划设计——以天津生态城起步区景观规划设计为例》，包路林、张晓妍等的《北京新城滨河森林公园建设及其对生态环境的影响》，石铁矛的《沈彰新城绿地系统规划与生态措施调整研究》，杨俊宴的《山水环境下的新城空间分区适宜性评价——南京滨江新城的探索》，赵铁的《整合发展的机遇与挑战——新城中心区绿色开放空间规划策略研究》……对于这些新城案例中绿地规划与设计方面的介绍梳理为我们提供了较为有针对性的资料。

1.3.3 整合性设计方面研究

所谓整合性设计是将整合理念运用到具体实践之中的过程与结果。整合作为一种设计理念在国内外各设计领域的实践中多被提及，多根据不同设计对象进行不同领域的解读与应用，但大多是作为一种设计思想来指导具体的实践。如较早提出整合设计理念并有较大影响的是美国建筑师西姆·范·德莱恩，他提出所谓"整合设计"的概念，是指在建筑设计中充分考虑"和谐地利用其他形式的能量，并且将这种利用体现在建筑环境的形式设计中"。在其他领域，如国内学者张峰、邵斌等人在《浦口新城中心区城市设计整合回顾与总结》一文中提出城市设计整合不是简单的方案拼贴，而是以现有各层次规划设计成果为基础，以城市设计为手段，将城市功能、城市空间、城市景观等一系列规划建设要素在系统上进行梳理优化；刘捷在《城市形态整合》中提出整合的动因来源于发展的需要，是在对各城市要素相互关系及作用机制充分认识的基础上，通过人的主观能动性的发挥来改变和优化这些城市要素之间的关系，防止各城市要素出现相互分离的趋势，从而实现新的综合；卢峰、王云兴在《浅议城市公共空间的整合模式——以统景旅游区规划设计为例》一文中提出整合机制要立足于提供更多的日常生活的城市空间，城市要素与要素之间应该形成不同层面的整合关系，从而形成一个复杂的系统，分为空间要素的整合、形态要素的整合和文化要素的整合三个方面；刘志强，洪亘伟在《城市绿地与地下空间复合开发的整合规划设计策略》一文中针对城市绿地与地下空间复合开发模式，提出建立功能有机整合、空间构成立体聚合、渗透互动三个维度的整合规划设计策略等。

从上述介绍中可以看出，整合思维在设计中的应用具有很强的普遍性与指导意义，但大多都仅仅是从单一案例及单一整合方法的角度进行应用，较少涉及根据自身研究领域对整合进行更深层次及更加全面的解析与方法体系的构建，而这也正是本研究试图努力的方向。

1.4 研究的目的与意义

1.4.1 理论层面

新城作为一类特殊的城市规划领域，虽然新城绿地建设属于城市整体绿地建设的范畴，但其本身却带有十分明显的自身属性与特征。将其从城市绿地整体范畴之中剥离出来进行具有针对性的分析，将使我们能够更加清晰地认识新城及其绿地建设的独特性。同时在城市绿地建设长期以来只有绿地系统规划这一政策指导方面的规划方法作为依据，且多局限在公园绿地、防护绿地等简单的类型划分和绿地率的计算，而其他针对绿地或者景观的不同名目的规划也大多停留在概念阶段，且多针对单一的项目，即不具有普遍意义的指导性，对新城这一新型城市类型所要面临的城市与自然关系问题也没有针对性。所以新城绿地整合理论的提出将为新城绿地在解决城市与自然关系问题上提供新的理论依据。

1.4.2　实践层面

当下我国正处在城市化加速发展的大背景下，新城建设作为城市化的主要阵地，在建设中与自然的关系矛盾日益突出，新城绿地整合理论的提出确立了一种风景园林视野下的新城绿地建设途径，将在实践层面指导新城绿地建设，并通过新城绿地在整合方面的作用减少城市对自然的破坏与不利影响，促进城市与自然的融合，提升城市的品质，促进人们与自然的交流。

1.5　研究方法

1.5.1　文献研究

在写作的过程中，尽可能多地对相关文献、理论、案例资料的收集是文章写作的基础，各种新城及其绿地发展演变的历史研究、理论思想、规划设计方法、案例介绍分析等文献资料为本研究的理论与实践提供支撑，对文献资料的理解与分析构成了本研究写作的基础。

1.5.2　矛盾分析

通过对新城建设过程中城市与自然的矛盾冲突为切入点进行有针对性的分析，在此基础上将这一矛盾热点与新城绿地的建设相结合，寻求在新城绿地建设中对这一矛盾进行缓解的方法与途径。

1.5.3　系统分析

从新城绿地整合这一关键词入手，将各部分统一纳入系统的整合论述之中，从不同层面系统分析新城绿地整合的背景、价值观、必要性及可行性、具体实施方法与类型等，增强文章的整体性。

1.5.4　归纳总结

在对各种理论、案例进行分析归纳的基础上，以整合作为切入点进行提炼，总结归纳出不同的整合方法和类型，并将之应用到城市与自然融合格局的塑造中去。

1.5.5　理论联系实际

遵从理论指导实践、实践验证理论的逻辑，在整合分析阶段将理论与实践结合进行分析，而在方法构建阶段也同样注重理论与实践的相互印证与相互检验。

1.6　研究内容与框架

本研究主要针对当下国内城市化进程中新城建设所面临的自然环境的破坏及新城绿地建设问题突出的社会现实，试图探讨基于城市与自然融合理念下的新城绿地对城市与自然在各个层面的整合方法与类型，以此建立一个以新城绿地整合为导向的城市与自然和谐共处的整体秩序与形态。研究整体分为六个部分：绪论、城市与自然融合理念的回归、城市与自然关系视角下的新城及其绿地的发展与问题综述、新城绿地整合理念的提出、新城绿

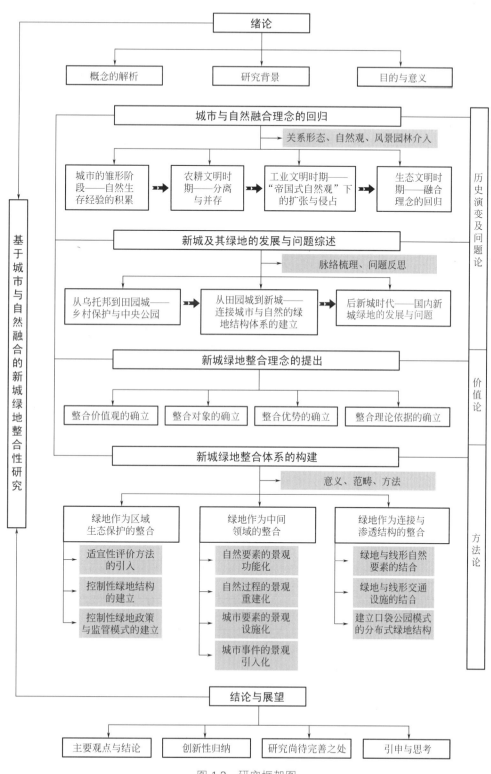

图 1-2 研究框架图

地整合体系的构建、结论与展望。

第一章绪论部分主要对新城、绿地、整合等相应概念根据相关定义与本文语境进行解读，在确定研究范围的基础上对当下国内新城建设的相关情况进行介绍与分析，结合相关研究情况提出本文研究的目的、意义和方法。

第二章城市与自然融合理念的回归作为研究城市与自然关系问题的基础，对城市雏形阶段、农耕文明阶段、工业文明阶段和生态文明阶段的城市与自然的关系演变进行梳理，抛开空洞的泛泛而谈，通过对相关典型建设经验与理论的梳理，说明城市与自然融合理念在当下时代背景的回归，确立城市建设中城市与自然融合的趋势与重要性。同时通过对不同时代背景下风景园林以不同形态与方法介入城市与自然关系的修正的分析，确立风景园林在新时代背景下的新使命。

第三章城市与自然关系视角下的新城及其绿地的发展与问题综述作为新城绿地整合性提出的背景，以新城及新城绿地的发展为主线，通过对国内外新城发展不同时期城市规划理论与思想对绿地的影响、新城绿地自身的发展变化的特点及对城市与自然关系影响的典型方面进行梳理，为新城绿地整合性的提出提供历史借鉴。

第四章新城绿地整合理念的提出是从价值论层面对新城绿地整合设计的价值观进行确立与阐述，通过进一步对城市与自然的解构确立本研究中新城绿地整合的对象并分析通过新城绿地进行城市与自然整合的优势及必要性，在此基础上对新城绿地整合中主要借鉴的理论：景观都市主义、绿色基础设施、新城市主义进行分析与介绍，从中借鉴思想方法与实践操作。

第五章新城绿地整合体系的构建，从整合的不同层面入手，将新城绿地的整合分为区域生态保护、中间领域、连接和渗透单元三种具体方法与类型，通过对各个不同层面整合的意义、范畴及具体方法和设计实践进行分析与归纳，构建起一套较为完整的基于城市绿地空间的城市与自然相融合的方法体系，对今后新城绿地的建设提供借鉴。

第六章结论与展望是对上述研究成果的梳理、总结与延展。首先对本研究的主要观点与结论进行了梳理，其次着重说明了研究的创新之处与研究的有待完善之处，最后是对城市与自然融合和新城绿地整合的引申与思考。

2 城市与自然融合理念的回归

2.1 城市的雏形阶段——自然生存经验的积累

美国学者刘易斯·芒福德将城市的雏形总结为墓地、岩洞、圣祠和村庄四种原型，并将其称为永久性居住地，其中以农业生产方式为主的村庄居民点最接近我们现在意义上的城市形态和规模（刘易斯·芒福德，1989）。城市雏形阶段的"永久性居住地"虽然结构简单，人对自然环境的认识及生产力低下，但正是这样的一种"有限主观能动性"和"低级生产力水平"的结合使其在改造并顺应自然方面为我们提供了最早的资料和经验。

2.1.1 依附于自然的选址

在以农业生产方式为主的村庄居民点出现之前，旧石器时代的人们多以狩猎、捕鱼等渔猎活动为生，因此"流水终年不断的清泉，坚实的高地，交通便利而又有河流或沼泽为保护的地点，有丰富的鱼类、蚌类资源的濒临江口的河湾等"成为定居点选择的依据，但这个时期的定居点受自然资源变化的影响很大，具有临时性及变动性的特点，类似于草原牧民的"逐水草而居"。从中石器时代开始，农业种植的出现及牲畜的饲养逐渐发展起来，极大地丰富了人们的食物来源，人们与土地之间开始逐步建立起牢固的依附关系，这使其"永久性"更加稳固，从而导致了以农业生产为主的"固定居民点"的出现。这类固定居民点的选址"一般都位于较高爽及土壤肥沃松软地段，多在向阳山坡上；一般还靠近河湖水面，这不仅因为水是生活不可缺少的条件，也还由于靠近水面对农业及渔牧业有利"（同济大学城市规划教研室，1982）。

2.1.2 改造自然的原始阶段

农业的出现本身完成了人类对原始自然面貌的第一次适应性改造，农业景观也因此被称为区别于原始自然环境的"第二自然"。由于食物来源的丰富及居住点的固定，人类大脑更加进化，技术水平及对工具的应用得到空前发展，人们可以在有限工具及自身力量的协助下对自然属性的土地和河流进行进一步的改造和利用。如美索不达米亚地区发现的迄今为止最原始的人类居住地，是在地上用泥土堆砌房舍或者下挖一个空洞，经日晒风干如砖一般坚硬；非洲赞比亚原始村落呈环形结构，上千座茅草小屋构成一个圆形结构，中间是酋长居住的飞地，茅草小屋内部是饲养牲畜的围栏（图 2-1、图 2-2）；大约 3000 年前生活在西西里岛上的西库里人（Siculr）在阿纳坡谷（Anapo-Valley）几乎垂直的陡坡上开凿房间并建立自己的居所（图 2-3）；中国黄土高原地区特有的地坑院建筑距今已有 4000 年左右的历史，院落及建筑位于地下，形成"地下建筑，地上良田"的特有景观结构，是远古人类穴居生存方式的遗留（图2-4）……城市的早期原型是原始人类适应自然、适度改造自然的产物，正如芒福德对原始村庄的想象：一片泥土房舍紧紧相拥，村庄外围是小块不规则的农田，继续向外是可以提供鸟雀鱼虾丰富饮食的沼泽与河流……这些聚集点的每一部分都是自然，虽不可否认生产力局限性的限制，但人类的自然属性及其与自然的天然联系是不会而且不应该随着生产力和生产方式的进步而被遗弃甚至抹杀的（刘易斯·芒福德，1989）。

图2-1　非洲赞比亚原始村落的环形结构

图2-2　非洲赞比亚原始村落环形结构局部

图2-3　西库里人在阿纳坡谷上开凿的房间

图2-4　中国黄土高原地区的地坑院

(图2-1~图2-4来源：[美]伯纳德·鲁道夫斯基，《没有建筑师的建筑：简明非正统建筑导论》)

2.2　农耕文明时期——分离与并存

　　农耕文明可大致将时间段划定在奴隶社会与封建社会时期。城市的出现并没有一个确切的时间点，现阶段考古学发现的最古老城市是巴勒斯坦的杰里科城（Jericho），最早居民可追溯到公元前 9000 年左右，而大多数的古代城市均形成于农耕文明时期，发展于封建社会时期，因为城市的出现本质上是阶级分化的产物，而这也正是奴隶社会开始的标志，而封建社会经济的发展及人口的增长也使古代城市发展到了顶峰。古代城市的产生是一种更加高级的"聚居"，聚居从最初人的聚集变为更大范围单元和功能的聚合，一种区别于原始聚落形态的城市形态应运而生，而城市与自然的关系也更加多样。

2.2.1 竖向封闭边界造成空间分离

任何事物的存在都有其存在形态，古代城市也不例外，而其形态对于城市与自然关系的最大影响莫过于城市边界的划定。究其原因，第一，工商业的出现使城市主要以区别于农业生产的交换功能为主，工商业与农业的区分产生了阶级，进而导致了城市与乡村的分化，这种分化必然导致地理范围的界定；第二，城市财富的积累及统治阶级的野心使得抵御军事侵略成为城市的安全大事，需要有一个坚固且持久的防卫边界；第三，政治与宗教的结合使统治阶级的权力神化，使得城市在某种程度上变成一处"神祇"，需要与外界的野蛮自然与民众隔离以示对神明的尊重与崇拜；第四，此时的城市仍然没有摆脱低级生产力的限制，对于抵御自然灾害的能力依然有限，只能够采取被动防御的措施。作为以上四点在城市形态结构上的结果，封闭的城墙、坚固的城堡出现了（图 2-5、图 2-6）。从城市本身来说，城墙与城堡的出现使得城市成了从自然中脱离出来的封闭个体，这在城市与自然的关系结构上表现为以竖向封闭边界将城市与自然分离。欧洲中世纪绝大多数城镇四周都建有高耸的围墙，城墙上每隔一段距离都筑有塔楼形成保卫中心，进入城镇的门洞很少，从而形成一种真正实用的封闭有机体（伊利尔·沙里宁，1986）。中国古代城市同样由围墙与外界分隔，甚至根据城市规模与功能形成多重城墙结构，如外城、内城、皇城、宫城等，层层城墙与城市结构的划分象征着权利与阶级的递进与分化。

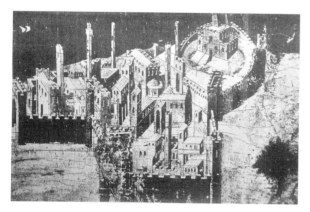

图 2-5 欧洲中世纪城堡
（图片来源：［美］刘易斯·芒福德，
《城市发展史：起源，演变和前景》）

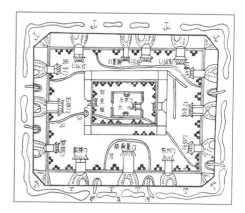

图 2-6 宋东京汴梁城平面图
（图片来源：同济大学城市
规划教研室，《中国城市建设史》）

2.2.2 城市与外部自然的适应性并存

虽然城墙与城堡的建立使得城市与外部自然形成了两个分离的空间，但城墙与城堡的存在也限制了城市的向外扩张，城市与外部的自然进入了一个关系相对静止的阶段，呈现的是一种具有明显界限的并存状态（图2-7、图2-8）。由于古代城市面积相对较小，在更广阔的尺度中城市依然依附于区域自然格局之中，形成一种依附于自然的封闭城市，在继承与发展原始经验的基础上，城市与建筑在场地选择方面依然遵循着利用和顺应自然条件的原则，我们可以将其统称为"在总结自然经验基础上的适应性并存"。

图2-7　庞贝古城与自然的边界

（图片来源：[美] 刘易斯·芒福德，

《城市发展史：起源，演变和前景》）

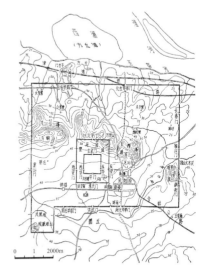

图2-8　明中都凤阳城复原图

（图片来源：同济大学城市规划

教研室，《中国城市建设史》）

　　在城市与区域自然格局的关系方面，中国古代城市具有极强的代表性。中国古代城市最重要的特色之一在于城市与区域自然环境的结合，更具体可概括为城市与自然山水的结合，这样的一种山水城市构形的思想基础是中国特有的山水文化，而山水文化的源头是山水崇拜。远古时期，自然能力高于人类能力，人们生于自然、存于自然、死于自然，这份对自然山水的敬畏形成了中国文化中"天人合一"的朴素自然观，表现在城市建设当中就是如何使城市与自然和谐地融为一体："凡立国都，非于大山之下，必于广川之上。高毋近旱而水用足，下毋近水而沟防省"；"圣人之处国者，必于不倾之地，而择地形之肥饶者。乡山，左右经水若泽"；"人之居处宜以大地山河为主"……这些古人的论述正是对山水城市建设的经验总结。在实践层面，这样的例子更是不胜枚举，如我国目前发现的最早的城市遗址郑州商代城址附近就有贾鲁河、金水河、须索河等，城市依附河流而建并与河流形成功能联系紧密的复合结构；而从南京历代城址的变迁中我们也可以看到，城市北依玄武湖，南临秦淮河，东凭钟山，西借石头山与长江，历代城址的建设都在一个区域山水结构的控制之下（图2-9）。

　　在小型城镇和建筑设计中，西方建筑学在这方面的代表性较强。维特鲁威（Vitruvius）在公元前27年的著作《建筑十书》（De Architecture Libri Decem）是迄今发现的最早的设计手册。其中对场地规划就有这样的论述："首先选择非常健康的场地。这样的场地处于高处，没有雾，没有霜，气候不冷也不热，而是温和的，附近没有沼泽地。因为，当早晨太阳升起的时候晨风吹响城镇，如果风中夹带着沼泽的雾气并与雾气混合在一起，沼泽生物排出的有毒气体就会飘到居民的身体内，场地就会变得不健康。还有，如果城镇

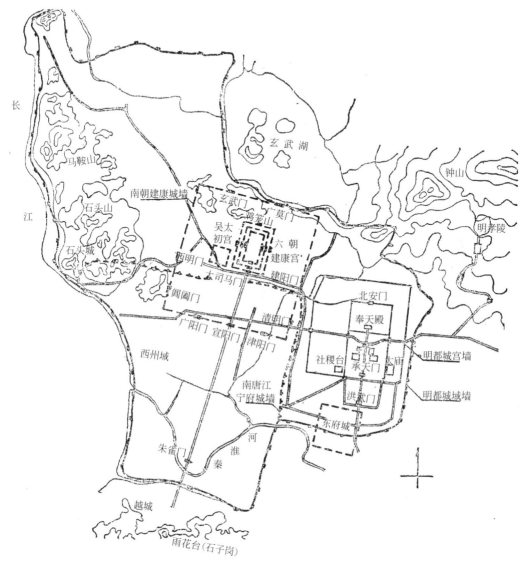

图 2-9 南京历代城址变迁图
（图片来源：同济大学城市规划教研室，《中国城市建设史》）

位于海边并且南面和西面向大海敞开，这也是不健康的。因为在夏季，南面的天空在日出后变热，到中午变得火热，而西边面海在日出后变暖，到中午炎热，到了傍晚所有的东西都是火红的。"在这一方面较有代表性的是西方中世纪城镇及城堡的选址与建设。欧洲中世纪的城镇尺度相对较小，在有限的场地尺度中，城镇多依附所处自然环境及场地条件进行建设，形成高密度集中式的城镇布局，如意大利阿马尔菲海岸沿岸的波西塔诺城（Positano）和罗马附近萨宾山脉的安蒂科利·科拉多城（Anticoli Corrado），两座城市均依山而建，小体量、高密度的单体建筑朝向布局与地形紧密结合，石质建筑肌理与山岩相互融合，形成典型的中世纪山地城镇形态（图 2-10、图 2-11）。而位于希腊北部特里卡拉的麦特奥拉（Meteora，古希腊语义为悬挂在空中的岩石）修道院群选址散落于巨型的天然石

图 2-10　意大利阿马尔菲海岸
沿岸的波西塔诺城
（图片来源：［美］伯纳德·鲁道夫斯基，
《没有建筑师的建筑：简明非正统建筑导论》）

图 2-11　罗马附近萨宾山脉的
安蒂科利·科拉多城
（图片来源：［美］伯纳德·鲁道夫斯基，
《没有建筑师的建筑：简明非正统建筑导论》）

图 2-12　麦特奥拉修道院群
（图片来源：http://en.
wikipedia.org/wiki/Meteora）

柱上，始建于 14 世纪的 6 座修道院城堡依托自然岩石结构形成区域景观焦点，周围的自
然风景尽收眼底（图 2-12）。正如沙里宁在其《城市——它的发展、衰败和未来》一书中

22

对中世纪城市的描述中说的那样："中世纪城镇的格局并没有预定的框架，其形态结构是根据当地生活条件与地形环境而天然形成的，符合大自然的规律。因为任何一种事物都有其反应内在实质的形式特征。中世纪的城镇建造者，也和大自然一样，本能地意识到这一支配一切事物的基本原则。"（伊利尔·沙里宁，1986）

上述这些朴素的城市与建筑的选址与建造方法虽然在当时没有理论或者数据的支撑，但却如同树木的生长一样，在不同的地域环境与空间尺度上遵循着同样的基本设计理念与地域形式语言，其体现的恰恰是一种建筑、人、自然相互融合的建造理念。

2.2.3 自然要素的城市功能化

在城市的雏形时期，古代先民就已经学会利用自然环境要素来建造房屋和获得食物，在城市出现及发展的时期中，这种将自然"为我所用"的初级经验得到继续发展，并与城市特有的功能要求相结合，形成自然要素的城市功能化，最具代表性的是自然水体参与城市防卫与交通运输。

如果说城墙是城市的硬质边界，那么护城河就可以称作城市的软质边界，它与城墙一起构成了一种复合式的边界结构。护城河的水源多引用自自然水体，环状布置于城墙外部，以在平面上形成难以跨越的距离，起到隔离和防护效果。自然水体参与的另一项主要的城市功能是交通运输。古代城市由于陆上地理因素的阻隔与陆路交通的不便，依托于自然河道水体的水路交通运输成为城市与城市之间贸易及人员往来的主要途径，这也是大多数古代城市依水而建的主要原因之一。在此基础上，有些城市更是通过开挖运河的方式在一定程度上改变了自然水体形态并将其向城市内部延伸，进一步满足交通及贸易的需求（图 2-13、图 2-14）。

图 2-13　墨西哥古城版画
（图片来源：［美］伯纳德·鲁道夫斯基，
《没有建筑师的建筑：简明非正统建筑导论》）

图 2-14　明代欧洲城市手绘地图
（图片来源：http://guilin. mop.
com/thread-20893-1-1. html）

2.2.4 园林的出现及其影响

对于园林的起源很难有一个确切的时间点及形态的确定，东、西方学者也多针对各自所处区域园林的发展作出自己的解读。如周维权教授将园林出现的萌芽定于原始农业公社时期聚落中出现的果园和菜圃，将中国古典园林最早的形式确定为"囿、台"，时间在公元前 11 世纪左右（周维权，1990）；日本造园学者针之谷钟吉将西方造园的历史上溯到《旧约圣经》中所记载的造园情况（针之谷钟吉，1991）；英国园林学者汤姆·特纳（Tom Turner）将最古老的具有园林形式的定居点追溯到公元前 6000 年，将最早的园林设计追溯到公元前 2000 年，以埃及作为最早的发源地（Tom Turner，2011）……在这里，我们将园林出现的时期与农耕文明阶段相对应，可以对上述阶段的划分做到兼顾。东、西方的古代园林或者古典园林伴随着各自所在地域社会经济文化的发展而演变并分别在欧洲文艺复兴时期（14～17 世纪）和中国明清时期（14～19 世纪）达到各自园林成熟期和艺术顶峰。

东、西方的园林在功能上都起源于实用性质，但各自的侧重点有所不同。在以中国为主的东方园林体系中，普遍认为依托于原始自然环境的畜养禽畜和通达神明的场所是园林最早的形式，反映的是一种"风景式"园林的自然场所，从一开始便有一种规划的意味；而在西方园林体系中，普遍认为实用性质的果园、药草园等小型宅院性质的园林是园林最早的形式，反映的是一种脱离原始自然环境的人工环境（图 2-15）。这在本质上就反映了两种体系不同的自然观，即我们所说的"第一自然"与"第二自然"的区别。在此基础上，西方园林在此后逐渐向大型的主题性园林发展，强调中轴对称、修剪规整、直线线形等明显的设计与建造风格，强调人对自然的控制，所以大多数是作为"建筑的延伸与扩大，是室外的绿色建筑"（孙筱祥，2002），如意大利的台地式园林和法国的平地几何式园林等（图 2-16、图 2-17）；而东方园林（此处主要指中国的古典园林）此后就一直延续这样一种朴素的自然价值观，强调一种人对于自然的从属地位和人处于自然之中的惬意与平和，以及人们对于原始自然中美的一种向往，"山水相依""芭蕉听雨"等反映的就是一种艺术化自然的园林形式（图 2-18、图 2-19）。

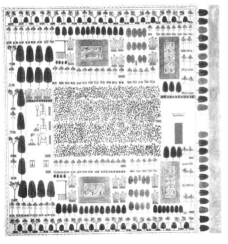

图 2-15　埃及园林绘画中的实用性园林

（图片来源：［英］Tom Turner，《世界园林史》）

图 2-16　朗特庄园

图 2-17　沃-勒-维贡特庄园

图 2-18　颐和园自然山水园林结构

图 2-19　拙政园中的"芭蕉听雨"

从园林与城市的关系上来说，园林的出现伴随着城市的出现与发展，因为在原始阶段人们对自然处于一种感性适应的状态，在这种情况下没有必要，也没有可能产生园林这种形式（周维权，1990），所以我们可以说园林是城市发展到一定阶段的产物。从尺度上说，该时期的东、西方园林从小型的建筑庭院、宅园到中型的庄园、宫殿园林，再到大型的郊野宫苑等，种类各异。尤其是东方园林，由于其强调与原始自然环境的关系，所以往往将园林建造依托的自然基底也涵盖进整体园林空间的范围，这就使园林的尺度大大地扩展开来。从园林本身来说，园林是物质形态与人们精神诉求的结合，东、西方园林的物质形态由于不同的自然价值观而有所区别，但其精神诉求却大致相同，即反映了人们对各自心目中优美自然环境的向往，体现了人本身所固有的自然属性。周维权教授将此阶段的园林定义为："在一定的地段范围内，利用、改造天然山水地貌，或者人为开辟山水地貌，结合植物栽培、建筑布置，辅以禽鸟养畜，从而构成一个以视觉景观之美为主的赏心悦目、畅情抒怀的游憩、居住空间。"（周维权，1990）

通过对该时期园林特点的分析，可以得出这样的结论：在物质形态层面，园林是艺术化的自然，其表征是带有不同社会文化背景下自然价值观的自然属性，但其规划、选址、设计、建设等一系列过程却是一个人工的过程。这些园林大多数都始终无法摆脱人工建筑与围墙的控制，它同城市一样，也具有封闭性的特点。这与其服务对象的单一有着密切的关系，而服务对象单一就决定了其功能的单一性——皇家贵族与文人雅士的消遣移情之物，这使其城市与自然融合方面的象征意义大于实际意义。在精神层面，园林的出现引发的是一种人与自然关系的思考，虽然在当时的社会背景之下还无法在普罗大众之中引起共鸣，但其建造理念与朴素的自然价值观为今后园林参与城市与自然融合奠定了基础。

2.3　工业文明时期——"帝国式自然观"下的扩张与侵占

工业革命又称"产业革命"，是指以手工技术为基础的资本主义工厂手工业过渡到采用机器的资本主义工厂制度的过程（《辞海》，2010）。18 世纪 60 年代，英国率先爆发了工业革命，数量庞大的工厂与工人组成了最初的工业城市，西方工业城市也成为工业文明时期典型城市形态的代表。工业城市自出现伊始便带有一种超越了情感的机械理性，城市摆脱了边界的限制，先进生产力的刺激使得城市进入一种狂热的状态。

2.3.1　自然生产方式的消失

客观方面，由于产业工人的聚集及工业生产的需要，依托于工业生产的基础设施建设，如产业工人的住房、运送工业产品及原材料的铁路和城市卫生设施等开始大规模主导城市发展，这使得城市需要侵占大面积的乡村及自然区域以满足自身人口规模及工业生产需要。同时大量的农业土地被转化为商业化种植的用地，以此来供给城市与日俱增的农副食品需求，而从事传统农牧业的农民受到经济利益的吸引抛弃了村庄和农舍来到城市，这两方面的共同作用使得传统的农业生产走到了尽头，传统意义上的人与自然和谐共处的"田园风景"遭受了严重破坏，城市与自然的关系呈现出一种城市盲目扩张与自然饱受侵略的失衡状态。

2.3.2　帝国式自然观的影响

主观方面，统治阶级固有"自然观"的影响也在思想层面为城市扩张与侵占自然提供了看似合理的保护与支持。所谓"自然观"是人们对于自然界的总的看法。美国著名环境史学者唐纳德·沃斯特（Donald Worster）曾将伴随着18世纪工业革命的西方自然观概括为"阿卡迪亚式"与"帝国式"，帝国式自然观又被称为"基督教式田园主义"（Christian Pastoralism）（唐纳德·沃斯特，1999），英国著名环境学者戴维·佩珀（David Pepper）将其称为"技术中心论"（戴维·佩珀，2011）。对应阿卡迪亚式自然观站在工业技术社会对立面的倡导人与自然平等的理念，帝国式自然观强调把自然看成"供人索取和利用的资源"，"从而强调为了人类而对自然出于工具目的的管理"，而后者正因为其将自然"技术化与机械化"的观点与工业城市发展模式的契合成为整个西方工业革命前中期对于处理人与自然关系的主流价值理念。

唐纳德·沃斯特指出："西方科学从其开始，就深刻地受到了传统基督教对待自然的态度的影响"，其中最主要的就是将人从自然之中剥离出来，使之成为控制自然并高于自然的存在，而将自然"简化成一种机械的人工装置状态"。工业革命在某种程度上可以说是人类向自然发起的革命，作为革命具体存在形态的工业城市为该理论的实践提供了场地，于是城市从古代经过漫长历史发展而产生的有机形态退化为短期内爆炸式发展的无序形态，人与自然的关系渐渐疏远；在对于具体自然元素的处理上，更是把自然元素看作维持城市机器运转的零件之一。正如芒福德所说的那样："城市的优势在某种意义上退化为一种杂乱无章和不可预知的状态。"（刘易斯·芒福德，1989）（图2-20）

图2-20　工业革命时期的焦炭城和工业设施的蔓延

（图片来源：［美］刘易斯·芒福德，《城市发展史：起源，演变和前景》）

2.3.3　风景式造园和城市公园的出现及其影响

伴随着西方工业革命的进行及城市环境恶化问题的加剧，人们开始重新反思人与自然的关系，这种反思首先在英国掀起了反对古典主义僵硬形式的浪漫主义思潮。浪漫主义（Romanticism）是一种艺术和思想运动，产生于工业革命前后的英国，是对以牧师吉尔伯特·怀特（1720—1793 年）为主的早期阿卡迪亚式田园自然观的继承与发展，后传入美国，代表人物有亨利·戴维·梭罗（1817—1862 年）和乔治·B·爱默森等。浪漫主义是对工业城市扩张破坏自然环境、城市内部肮脏与贫困等问题的反思，是一种试图将"不依赖于人类的意义与完整性归属于自然"的人类与自然关系的回本溯源的认识。浪漫主义者们认为："那些通过直觉、本能以及情感而领悟到的人类生活最为高贵。当科学家们对之加以贬抑时，浪漫主义者则提升了它们。与自然合一的主观认识，在很大程度上经由艺术表达出来：相比于那种客观的、经验的、冷静算计的古典科学，以及它的那种笛卡儿式二元论而言，这是知识的一种高级形式。"（戴维·佩珀，2011）

在浪漫主义思潮的影响下，英国率先开始了风景式造园（Landscape Gardening）运动。英国传统的牧场农业景观被确立为向自然致敬的表现形式，以威廉·肯特（William Kent）、兰斯洛特·布朗（Lancelot Brown）等为首的风景派造园者以"自然讨厌直线"（Nature abhors a straight line）为座右铭设计了斯托园、罗沙姆园、布伦海姆园（丘园）等一系列经典作品，这些作品反映了一种人们对于乡村自然美景的向往。如在布朗设计的布伦海姆园中，公园与外围的乡村环境并没有明显的界限，反而试图将公园融入周围的乡村自然之中，这既打破了一种西方传统园林的范围边界，同时也改变了一种西方园林的外在呈现方式，体现了一种自然观的转变（图 2-21、图 2-22）。在此基础上，钱伯斯的名著

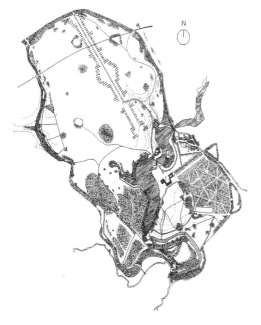

图 2-21　布伦海姆园平面
（图片来源：朱建宁，
《西方园林史——19 世纪之前》）

图 2-22　布伦海姆园与乡村
环境之间的关系
（图片来源：清华大学"西方园林史"课件）

《东方庭园论》（Dissertation on Oriental Gardening）将中国的造园理念及形式介绍到了英国。对比纯粹风景式园林的"粗犷的自然"和"平庸无奇的田园风光"（针之谷钟吉，1991），钱伯斯更倾向于中国山水园林范式在遵循自然之上的精雕细琢，其在丘园之中的中国式塔（Pagoda）是其最具影响力的作品。

虽然自然风景式园林在西方引起了强烈的反响，但由于风景式造园场地的选址还是位于城市的外部或者封闭的宫殿庄园之内，与城市较为分离也并不向公众开放，所以并不能起到缓解城市居住环境恶化的作用，同时城市中产阶级的兴起也要求能够在城市中平等享受这样的自然风景。基于这样的原因，以自然风景范式为主要外在表征的城市公园运动开始了。1843 年，英国利物浦市伯肯海德区利用税收建造了免费向市民开放的伯肯海德公园（Birkinhead Park），标志了第一个城市公园的诞生。其后，城市公园运动在美国发展壮大，深受英国风景造园思想影响的弗雷德里克·劳·奥姆斯特德（Frederick Law Olmsted，1822—1903 年）和沃克斯（Calvert Vaux，1824—1895 年）设计建造了美国第一个城市公园——纽约中央公园（图 2-23）。纽约中央公园的建造使得城市公园的概念得以迅速地传播，其后奥姆斯特德在美国各地都进行了城市公园的建设，并将城市公园发展为城市公园系统，最终成就了奥姆斯特德"风景园林（Landscape Architecture）之父"的美誉。

图 2-23 纽约中央公园鸟瞰

（图片来源：http://en.wikipedia.org/wiki/Central_Park）

风景式造园及城市公园的出现在时间点上恰恰对应了工业革命后期人们对人与自然的关系及城市环境的改良要求，是整体工业文明时期城市与自然对立大背景下的一种对人们重回自然的成功尝试。从英国自然风景园到以自然风景为模本的城市公园，现代意义上的风景园林出现并第一个参与到了修正城市与自然关系的工作中去。

2.4 生态文明时期——融合理念的回归

生态文明是人类对传统文明，特别是工业文明进行深刻反思的重要成果，是人类文明的高级形式（屠凤娜，2011）。工业文明时期，城市与工业的盲目扩张严重破坏了自然环境并威胁到了自身生活安全。1952 年伦敦发生烟雾事件，致使 4000 人丧生，城市环境所引发的城市问题开始引起人们的关注，人们的视野开始逐渐从关注城市向关注自然生态环境转变。

从古代人类生态环境意识的蒙昧存在，到近代生态环境意识的觉醒与生态环境学科群的初步形成，是生态文明理论的渊源所在（汪劲柏，2008）。生态学真正兴起于 20 世纪 60 年代的环境保护运动。1962 年，美国海洋生物学家雷切尔·卡逊撰写《寂静的春天》一书成为人类对生态环境问题开始关注的标志。生态学及其理念对于人们的自然观及城市与自然关系的影响大致可以分为两个阶段：第一阶段为初级融合阶段，第二阶段为城市与自然深入融合的阶段。

2.4.1 区域自然保护阶段

初级融合阶段，或者叫区域性的自然保护阶段，在形态与尺度上类似于盖迪斯"区域主义学说"（1915）中强调突破常规的城市尺度概念，将城市与周围的自然、村镇进行统一规划。这一阶段的生态理论所关注的多为脱离城市环境的自然，或者叫"纯自然"（赵成，2006），探讨的是城市建设如何才能尽量减少对自然资源的破坏，自然较城市更具有主体地位，最具有代表性的是麦克哈格的"设计结合自然"理论。1969 年，美国景观建筑师伊恩·麦克哈格出版《设计结合自然》一书，从宏观层面分析了城市与自然环境的关系。他认为："城市是一种形式，是自然演进及人工改造以适应自然的综合产物"……"如果要创造一个善良的城市，而不是一个窒息人类灵性的城市，我们需要同时选择城市和自然，缺一不可。两者虽然不同，但互相依赖，并同时能提高人类生存的条件和意义"。他在沃辛顿河谷地区研究中继续指出："规划的目标不是反对不可避免的环境改变，而是防止不经规划的混沌开发，和岛屿状建设连接成低级城市网"（伊恩·麦克哈格，2005）。从麦克哈格的言论中我们可以看出，这一阶段城市与自然关系的进步表现于，在经过前期对区域自然环境的研究基础上进行的城市选址建设将更好地保护自然环境；但其也有局限性，那就是将城市与自然的关系仅仅看作城市集中建设区域与外部自然环境的关系，类似于中国古代城市与自然的结构关系。

2.4.2　城市与自然的相互渗透

城市与自然深入融合的阶段，城市与自然的结合不再只停留在区域层面，而是开始进入城市内部，开始试图探讨将自然及自然过程带入城市内部从而改善城市环境。1982 年麦克哈格的夫人斯蒙丝（C. A. Smyser）出版《自然的设计》（Nature's Design）一书，将麦克哈格的生态规划思想运用到城市小尺度的空间设计之中，寻求一种建立在城市生态平衡基础上的自然宜人的人造环境；1984 年安妮·斯波（Anne Spirn）的《花岗石之园》和迈克尔·霍夫（Michael Hough）的《城市形式与自然进行》两部著作进一步阐述了城市的自然特性。他们理直气壮地宣称："城市也是自然的一部分，大自然仍然存在于城市的每一个角落"。进入 20 世纪 90 年代，各种城市建设理论更是将城市建设中自然的保护引入核心理念之中，如"新城市主义"（1993）中将"尊重历史与自然，强调规划设计与自然、人文、历史环境的和谐性"作为其核心思想之一（王慧，2002）；而"生态、低碳、可持续"更是因为强调人与自然的和谐共处成为世界各国新型城市建设的主要目标之一。在这个阶段中，城市与自然的融合不仅仅局限于城市与外部自然的融合，也不再仅仅局限于形态学意义上的融合，而是将自然看作一种城市建设中可以应用与借鉴的生态过程，城市与自然的融合最终是要促进城市中的人与自然的交流与融合。

2.4.3　风景园林的新使命

通过上述分析，可以将城市雏形阶段、农耕文明时期和工业文明时期不同的城市与自然关系及风景园林的参与作用做出总结（表 2-1）。

现阶段，我们处于生态文明建设的大背景下，城市与自然的关系从城市雏形阶段的居住地与自然的融合，到农耕文明时期真正意义的城市与自然在区域层面的适应性融合，到工业文明时期城市与自然的对立，再到如今城市与自然在区域及城市层面多尺度下的融合，可以说城市与自然的关系经历了一个价值观的理性回归。那么在生态文明时期，风景园林应该扮演怎样的角色呢？

城市与自然关系梳理　　　　　　　　　表 2-1

城市发展 历史阶段	城市与自然的关系		城市与自然关系 形态的主导要素	风景园林的 参与及作用
城市雏形 阶段	居住地随机分布于自然之中,自然完全占据了主导地位		原始自然环境	—
农耕文明 时期	封闭型城市单元依附于区域自然环境之中		建筑	东、西方不同自然观的体现,封闭的形态与服务对象的单一导致在城市与自然关系中参与度较低,但其自然价值观为今后园林参与城市与自然融合奠定了基础
工业文明 时期	城市竖向边界的消失及所伴随的工业化扩张,城市呈现一种无序蔓延、侵占自然的爆炸式形态,城市与自然的关系走向对立		工业及交通基础设施	风景园林跳出传统的封闭状态,开始以一种主动的参与性来回应与改变城市与自然之间的矛盾,将一种自然意向带入城市

对于新时期的风景园林,国内外学者对于其发展及其定位做出了不同方面的解读。

英国风景园林学者汤姆·特纳从风景园林与城市的关系角度指出:“当城市扩张到开始占用农业用地的时候,最好的规划方法就是在城市设计中‘最先考虑园林规划’并在道路和建筑规划之前首先要进行开放空间的规划”(汤姆·特纳,2011),而其著名的《城市即景观》(City as Landscape)更是将整个城市看作一种特殊的风景园林形式。在这种观点的基础上,以瓦尔德海姆、汤姆·特纳等为首的西方学者更是提出了“景观都市主义”(Landscape Urbanism)的理论,提出应该用景观(Landscape)取代建筑作为城市形态及功能塑造的首要媒介(查尔斯·瓦尔德海姆,2011)。

在国内,王向荣教授从风景园林与自然的关系角度出发,将自然划分为以原始自然为主的“第一自然”、以生产性自然为主的“第二自然”、以艺术化的园林即美学自然为主的“第三自然”和以人工破坏后进行自我修复的自然为主的“第四自然”,四种自然的划分大大拓展了风景园林的研究与实践领域(王向荣,2014)。杨锐教授总结了风景园林的三个特性:“协调人和自然间的桥梁、沟通物质和精神的桥梁、连接科学和艺术的桥梁”,提出在这三个特性的基础上,风景园林应该在文明转向期间肩负更多的历史使命(杨锐,2010)。孙筱祥教授在新的时代背景下分析了风景园林学科的学科特征及研究范围,提出将风景园林学科建立成一个“以绿色生物系统工程为主的新学科”“以生物、生态为主,并与其他非生物学科(包括土木、建筑、城市规划)、哲学、历史和文学艺术等学科相结合的综合学科”,在此基础上将其工作范围分为三个层次:“地球表层规划—城市环境绿色生物系统工程—造园艺术”(孙筱祥,2002)。李景奇将新时期风景园林的发展定位为“走向包容”,将当代风景园林的主要功能总结为“生态环境功能”“景观美学功能”“休闲游憩功能”和“减灾防灾功能”,并提出要确立风景园林师在大型景观设计中的领导地位(李景奇,2006)。

从上述专家学者对风景园林在新时期的定位中可以看到，当下风景园林依然是解决城市与自然矛盾最主要的途径之一，风景园林所包含的范围也越来越广阔，风景园林学科自身也在向着"融合"的方向迈进。

2.5 小结

城市与自然融合理念的回归并不是要城市返回到雏形阶段的原始形态，而是要在现阶段城市建设中寻求一种新的城市与自然融合的途径，并且发挥这种途径的主导性作用。当下，中国的城市化进程还在如火如荼地进行，城市的建设使得人们对自然的向往依然强烈，同时建筑与城市基础设施等仍然在主导着城市的建设，这使得城市与自然的矛盾依然十分强烈。所以我们应该秉持城市与自然融合这一核心的理念，通过风景园林的途径减少城市与自然的矛盾，促进城市与自然的和谐相处。在这样的前提下，新城的建设为我们探讨风景园林途径下的新型城市与自然关系带来了机遇，正如美国人文地理学家段义孚在对不同历史发展阶段之中人们对于城市、乡村和荒野的态度梳理图中所示的那样：20世纪后半叶兴起的"新城"运动体现的就是一种在城市与自然互补性上的尝试（图 2-24）。

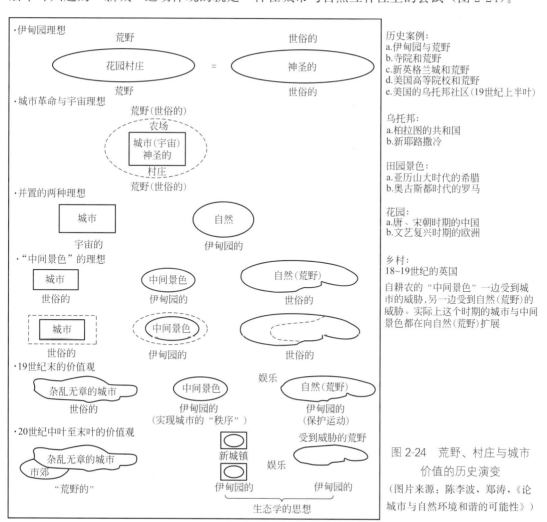

图 2-24 荒野、村庄与城市价值的历史演变

（图片来源：陈李波，郑涛，《论城市与自然环境和谐的可能性》）

3 城市与自然关系视角下的
新城及其绿地的发展与问题综述

3.1 从乌托邦到田园城——乡村保护与中央公园

1898 年，霍华德提出了著名的"田园城市"理论模型，成为世界范围内新城出现及建设的依据与基础。霍华德的"田园城市理论"很大的篇幅是从社会、经济层面来讨论城市的变革，虽然霍华德本人并不是一位城市规划师或者风景园林师，但其创立的"田园城市模型"却从区域及城市尺度上为我们阐述了作者对于理想城乡结构和构建城市内部公园绿地的愿景。于是在我们试图探讨新城绿地发展与问题的过程中，对于新城的"回本溯源"就显得尤为必要。

霍华德的田园城市模型并不完全是自己的独创，在其之前的多位社会学家、实业家们都已经在做着这方面的尝试：早在 1516 年，托马斯·莫尔就在其著作《关于最完美的国家制度和乌托邦新岛的有益又有趣的金书》中畅想了由 54 个岛国城邦组成的"乌托邦"（Utopia）城市，城市与城市之间由农田分隔；其后，乌托邦这一词语成为西方学者眼中理想城市生活的代名词，1922 年美国城市学家刘易斯·芒福德在其《乌托邦谱系》（The Story of Utopia）中将乌托邦这样的理想城市生活形容为"把田园的宽裕带给城市，把城市的活力带给田园"（陈岸瑛，2000）。在实践层面，空想社会主义学家的代表之一傅里叶于 1802 年创立了以大型生产消费合作社为特征的"法郎吉"组织；欧文也于 19 世纪初提出建立"拉纳克"工作社，并于 1825 年在美国新印第安纳州建立"新协和村"（张捷，赵民，2007）。霍华德正是在这些理论和实践模型的基础上建立了更为系统和完善的田园城市模型，也正是在这一最为人称道的模型中，城市与外部自然的关系处理，即对城市外围的乡村环境的保护及城市中央公园的建立都在形态上被明确地凸显出来。

3.1.1 田园城市模型

霍华德的田园城市模型占地 6000 英亩，城市位于中心区域，建设用地仅为 1000 英亩，此外的 5000 英亩土地均为乡村与农田，6 条林荫大道将城市分为 6 个区域，并将城市与外部农田串联起来。乡村农田部分的使用功能丰富，既有大型农场，也有果园、林地、厂房及有价值的自然景观等，既为城市提供补给也依赖于城市而存在；既对城市规模进行限制又使得城市居民能够便捷地享受到田园风景。虽然城市与农田呈现由环状道路分隔的状态，但正是这种在区域层面的城市与乡村并存考虑的理念使得城市与自然的关系由对立走向了共存（埃比尼泽·霍华德，2009）（图 3-1）。

说到中央公园就不得不提美国风景园林师奥姆斯特德。1858 年，奥姆斯特德主持了纽约中央公园设计，纽约中央公园的建成与成功启发并带动了全美的城市公园及城市绿地的建设，并掀起了世界范围内的"公园运动"。在公园建设的后续过程中，奥姆斯特德试图越过划定的公园边界，把公园与城市结为一体，在此理念下，"公园道"和"公园系统"应运而生。他认为"自然美是缓解产业革命后城市环境拥挤状况的必要条件，公园既要适应上层社会的艺术品位，又要向广大群众提供锻炼身体、呼吸清新空气和提高品德的地方"（金经元，2002）。霍华德的田园城市模型中中央绿地的设置正是借鉴了奥姆斯特德的这一城市公园理念。

传统城市的中央位置大多被城市最重要的基础设施所占据，以表示其在城市建设中的核心地位，而田园城模型则将其城市中心的绝大部分面积设立为城市花园与中央公园，分别占地 5.5 英亩和 145 英亩，在其内部布置市政厅、艺术馆、医院等大型公共建筑。中央公园以外是呈同心圆状向外辐射的环路和与环路垂直相交的道路，所有道路两侧都有树木绿化，其中占地 115 英亩的"宏伟大街"（Grand Avenue），两侧房屋成半圆形临街布置，其中安排游戏场与花园，形成一条长约 3 英里的带状绿地。城市的最外围是私人庭园、菜园和沿放射街道的林间小径（图 3-2、图 3-3）。

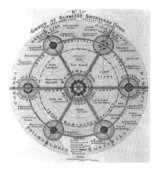  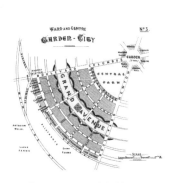

图 3-1　田园城市模型　　　　图 3-2　田园城市简图　　　　图 3-3　田园城市的环带

（图片来源：Ebenezer Howard，《To-morrow：A Peaceful Path to Real Reform》）

从整体结构来看，我们可以把田园城市模型中的绿地结构总结为"外部农田＋城市中央公园"模式，在这样的一个模式中，城市外围的自然环境也被看作是城市的必要组成部分。其中的外部农田虽然在当时还没有被看作是城市绿地的一部分，但对外部农田的保留正是对乡村自然环境的保留，对城市建设区外部的自然环境起到了保护作用，而城市中央公园的建立则可以理解为将绿地作为人工自然引入城市内部并与城市相互影响的过程，是绿地参与城市与自然融合的初级形态（图 3-4）。

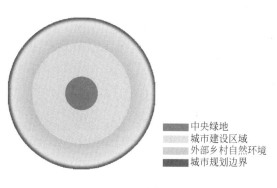

中央绿地
城市建设区域
外部乡村自然环境
城市规划边界

图 3-4　田园城模式解析

3.1.2　田园城市的实践

从田园城市理论出现到"二战"前夕这段时间内，以英国、美国为主的西方发达国家进行了一部分田园城市的建造实践活动，如霍华德主持建造的"莱奇沃思"（Letchworth，1903）和"韦恩"（Welwyn Garden City，1920）田园城、美国二次大战时期的新泽西州的"雷德朋"新城（Radburn，1928）和罗斯福新政时期的"马里兰绿带城"（Greenbelt，Maryland）等。其中，"二战"前的美国新城虽然受到了田园城市的影响，但多为具有田园氛围的居住城，规模较小，不能称为真正的田园城（张捷，赵民，2007），而最具代表性的田园城实践要数英国的莱奇沃思和韦恩两座真正意义的田园城。

莱奇沃思与韦恩田园城是霍华德对于其田园城市理论的实践，两座城市在一片开阔地带开始建造，没有原有的城市核心，没有公共服务体系，只有杂乱无章的几条尽端小路而已（Frederic J. Osborn，Arnold Whittick，1977），从中可以看出霍华德为了尽量在较少干扰下进行田园城实践的良苦用心。从莱奇沃思及韦恩两座田园城市的平面图中可以看出，城市的外围有一圈十分明显的绿带（Green Belt），其组成主要为开放空间及农田，带有明显的田园城市模型中外围农业带的痕迹。在城市内部，只能从图中看到在住宅、工业及城市中心地区分布有少数不规则的、互不相连的片状绿地空间（图3-5、图3-6）。虽然两座田园城绿地数量较少，但仍十分注重景观和植物的营造，如莱奇沃思田园城内部花卉、树木、

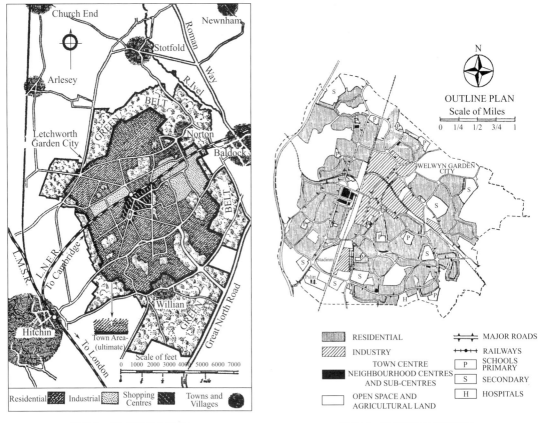

图3-5　莱奇沃思平面图　　　　　　　　图3-6　韦恩田园城平面图

（图片来源：Frederic J. Osborn，Arnold Whittick，《New Towns-Their Origins，Achievement and Progress》）

灌木等植物种类十分丰富，不同尺度和形状的绿色空间遍布全城。道路与建筑的选址考虑到了对现状有价值乔灌木的避让和保留（Frederic J. Osborn，Arnold Whittick，1977）。

3.1.3 田园城问题分析

莱奇沃思与韦恩田园城是霍华德对其田园城市模型的实践产物，虽然两座田园城市都是霍华德本人主持建造，但还是与霍华德的田园城市模型有所区别。田园城市模型中外围大片的农业地区在两座田园城中变成了一圈最宽处也只有1200m左右（根据莱奇沃思田园城平面比例尺换算）的绿带，模型中几近城市面积1/3的中央公园也变成了互不相连的分散绿地，这反映了田园城市模型中外围农业地区与内部中央公园在尺度和合理性上的理想化色彩及实际操作的局限。

总体来说，在霍华德的田园城市理论模型及后来的田园城实践中，其城市的绿地结构都较为简单，城市绿地仅仅局限于城市内部且集中布置，城市内部的公园绿地之间及其与外部的乡村自然的联系性较差。

3.2 从田园城到新城——连接城市与自然的绿地结构体系的建立

1946年，在霍华德田园城市思想及实践的基础上，英国颁布《新城法》（New Town Act）并建设了第一座新城斯蒂夫尼奇（Stevenage），其后英国在1947—1969年先后规划了32座新城（Frank Schaffer，1969），其中以阿伯克隆比（Abercrombie）于1944年制定的大伦敦规划中的8座新城及后期的米尔顿·凯恩斯（Milton Keynes）新城最为著名（图3-7、图3-8）。20世纪70年代后期，英国主要城市出现了不同程度的衰败，城市政策逐步转向大城市内部的更新，大规模的新城建设结束。

在整个20世纪50—80年代，随着战后发达国家和地区人口增长及城市化的普及，以英国、法国、美国、澳大利亚、加拿大、日本等为首的发达国家进行了以政府为主导的大规模的新城建设。美国早在罗斯福时期就进行了"田园城"及"绿带城"的建设，如雷德朋（Radburn）田园城、马里兰绿带城（Maryland）等。1970

图 3-7 英国 32 座新城分布图
（图片来源：Frank Schaffer，《The New Town Story》）

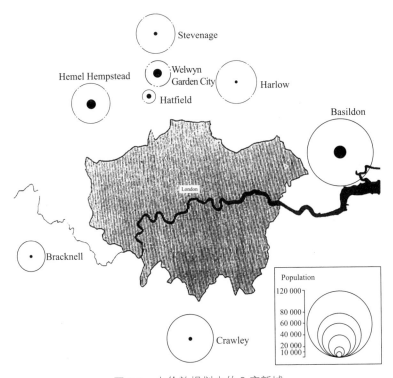

图 3-8　大伦敦规划中的 8 座新城

（图片来源：张捷，赵民，《新城规划的理论与实践——田园城市思想的百年演绎》）

年美国通过《城市发展与新城开发法》（Urban Growth and New Community Development Act of 1970），规划建造 15 座新城（后因财政问题大多无法完成）（王洋，2012）；法国巴黎的新城建设起源于 1965 年的巴黎大区规划，规划设计巴黎外围的 8 座（建成 5 座）新城沿塞纳河两岸的轴线展开（向俊波，谢惠芳，2005）（图 3-9）。而在亚洲，日本在 20 世

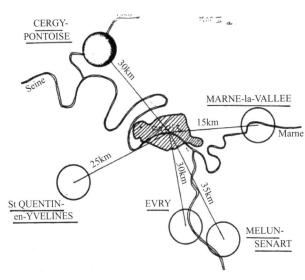

图 3-9　大巴黎规划中的 5 座新城

（图片来源：Francoise Chassaing，《New Town Development in France and The United States》）

纪 60 年代先后制定了《新住宅街市地建设法》（1963）、《地方提供住宅公社法》（1965）、《新城市规划法》（1968），1975 年又制定了《在大城市地区促进提供住宅和住宅用地特别措施法》，掀起了大规模的新城开发活动；中国香港于 20 世纪 60 年代末至 70 年代初开始新城（香港称为"新市镇"）规划与建设，先后发展了 3 代共 9 座新城（张捷，赵民，2007）（表 3-1）。

发达国家或地区主要新城建设名录（以英、法、日、中国香港为主）　　　表 3-1

国家或地区	新城名称（部分）	建设时间（年）	规划人口（万人）	规划面积（km²）
英国	斯蒂夫尼奇	1946	6	25.3
	克劳利	1947	5	24
	赫默尔·亨普斯特德	1947	6	23.9
	哈罗	1947	6	25.9
	哈特菲尔德	1948	2.5	9.5
	韦林花园城	1948	5	17.5
	巴斯尔登	1949	5	31.7
	布拉克内尔	1949	2.5	13.4
	米尔顿·凯恩斯	1967	25	89
法国	埃夫里(Evry)	1960	25	—
	马恩河谷新城(Marne la Vallée)	1970	35	150
	圣昆汀昂伊夫林(St Quentin en Yvelines)	—	25	70
	塞尔吉-蓬图瓦兹(Cergy-Pontoise)	1966	30～40	100
日本	千里新城	1961	15	12
	多摩新城	1965	41	30
	高藏寺新城	1965	8.1	7
	筑波科学城	1965	11	27
	港北新城	1968	30	25
中国香港	荃湾	1961	71	36.3
	沙田	1973	58	36
	大埔	1979	24	35
	粉岭/上水	1979	15	7.9
	屯门	1975	43	22.2
	元朗	1978	16	5.6
	将军澳	1982	11	18
	天水围	1982	—	4.5

需要说明的是，在这段以发达国家和地区政府主导的大规模新城建设时期，英国新城建设开始最早且最成体系，对世界范围内的新城建设都产生了十分深远的影响，是其他发达国家和地区新城建设的范本，其规划的全部新城最终付诸实施，其新城绿地的建设也最具代表性。而美国所谓的新城建设在政府主导时期大多没有完成，后期转入私人开发也多为小型居住区性质的项目，代表性较小，所以并不在本文主要讨论的新城范围之列。

　　与早期的田园城市相比，该时期新城的功能结构更加复杂，尤其是到了新城发展的后期，城市规模与人口都远远超过了霍华德的田园城市模型，如英国于 1967 年规划的米尔顿·凯恩斯新城占地面积达到了 89km²；法国于 1970 年规划的马恩河谷新城占地面积更是达到了 150km²；而受英国新城建设影响的中国香港、日本地区的新城，如香港的荃湾新城规划土地面积达到了 36.3km²；日本最大的多摩新城面积也达到了 30km²······这些新城的面积都在一定程度上超过了田园城市模型 6000 英亩（24km²）的面积。在城市绿地建设上，真正意义上的新城绿地走出了中央公园式的单一模式，类型也更加多样，相互之间的联系更加紧密，形成了相对完整的绿地体系，这既是城市绿地整体背景下的发展趋势，同时也带有新城建设的属性特色。

3.2.1　英国绿带政策及其影响

　　绿带作为一种绿地空间形态，其与城市建设相结合产生于英国，脱胎于田园城市模型中的外围农业带的设置。绿带政策正式出现于 1955 年英国住房和地方政府部（MHLG）发布的第 42 号文件，文件中对地方政府部门进行绿道规划做出了明确要求（高晶，2004）。在此之前，恩温（Raymond Unwin）在 1933 年的大伦敦规划中就已经提出了环城绿带的方案（Green Girdle），宽约 3～4km 的绿带环绕在伦敦城市周围，用地包括了公园、自然性保护地区、滨水区、活动场地、墓地、苗圃、果园等。此后的 1944 年阿布克隆比（Abercrombie）又再次制定了新一轮的大伦敦规划，这次规划基本沿用了恩温的环城绿带方案并对其进行了进一步的细化，在距伦敦中心 48km 的范围内规划了四层不同属性的地域环带，由内到外分别为：城市内环、郊区环、绿带环和乡村外环，其中的绿带环宽度控制在 11～16km 之间，主要用途是作为伦敦的农业和游憩地区（图 3-10）。此后，

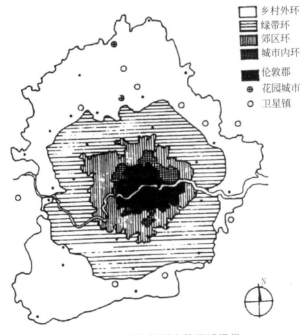

图 3-10　大伦敦规划中的环城绿带

（图片来源：张京祥，《西方城市规划思想史纲》）

绿带作为一种限制城市无序蔓延的空间边界形态在英国及世界范围内产生了重要影响，如1994年法国巴黎的 SDRIF 规划，以巴黎为中心将整个大巴黎地区划分为内环、中环和外环三个环带。其中内环为巴黎的城市密集区绿色网络；中环则是包括 1000km^2 的空地和 400km^2 的永久型绿带，以限制巴黎城市密集区扩散；而外环则是作为巴黎地区重要的农业生产基地，其中农业用地面积为 6000km^2，森林用地面积约为 2700km^2（图 3-11）。

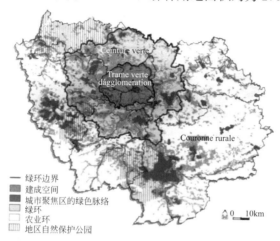

图 3-11 SDRIF 规划中的环城绿带

（图片来源：刘健，《基于区域整体的郊区发展——巴黎的区域实践对北京的启示》）

虽然在田园城市时期，城市外围就已经有了与绿带这一空间形态相似的田园带，但绿带政策的意义主要是明确提供了一种政策的依据和土地利用的方法，由于绿带政策的提出与新城建设开始具有一定的同步性，又加之很多新城位于城市总体绿带环境之中，这使得新城自身的绿地建设也受到了很多影响。1988 年英国政府颁布了关于绿带政策的《规划政策指引 2》（PPG2），其中总结了绿带设立的目的与土地利用情况（表 3-2）。

英国绿带政策的设立目的及土地利用　　　　　　　　　　　　表 3-2

设立目的	土地利用
1. 检查大规模建成区无节制蔓延情况； 2. 防止相邻城镇之间相互连接； 3. 协助维护乡村环境免受建成区侵蚀； 4. 保护历史城镇的整体环境和特质； 5. 通过鼓励废弃地和城市其他土地的循环利用，帮助城市更新	1. 为城市居民提供接近开敞的乡村环境的机会； 2. 在城市近郊区为城市居民提供户外运动和休闲的机会； 3. 保留迷人景观，改善人们居住地附近的景观环境； 4. 改善城镇周边已遭受破坏和废弃的土地； 5. 保证自然保护的利益； 6. 保留农林用地及其他相关用地

（资料来源：[英] 卡林沃思，纳丁，《英国城乡规划》）

从以上分析可以看出，绿带政策究其根本是一项政策法规，就空间形态及土地利用来说，绿带是一片以自然表征为主要景观的城市外围绿地带，其中大部分面积为乡村农田及其所依托的郊野自然景观，体现了英国传统的自然田园情怀，体现了在城市建设中对自然的保护与尊重。绿带政策的设立目的与土地的利用方式虽然并不完全针对新城，但新城建设过程中也同样会遇到相同的问题，尤其是其中对城市发展的限制、外围乡村自然景观的保护、为城市居民提供接近自然机会等方面的总结对新城绿地将城市外部环境纳入整体绿地空间体系提供了参照并提供了政策的支持。由于绿带政策的颁布与英法等国新城建设在时间上较为同步，且在空间关系上联系也较为紧密，绿带政策在新城中也被广泛应用。以英国为例，英国历代的新城建设基本进行了城市外围绿带的设置（张捷，赵民，2005）。从当时很多新城的建设规划平面图中可以看出，整个建成区范围外侧包含一部分较为明显的开放空间和农田（Open space and agricultural land），这即对城市的过度膨胀产生了限制作用，同时也保留了与城市关系最为密切的一部分乡村自然环境，为城市居民与自然的接触提供了便利（图 3-12、图 3-13）。

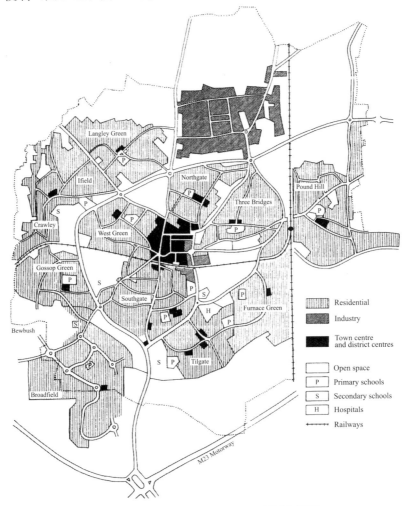

图 3-12　英国克劳利（Crawley）新城平面图

（图片来源：Frederic J. Osborn，Arnold Whittick，《New Towns-Their Origins，Achievement and Progress》）

而在中国香港与日本的新城建设中，在城市外围设置绿带对城市建设进行控制的方法也被广泛应用，由于两地同属建设用地十分紧张的地区，应用绿带对新城建设进行约束、促进土地的集约化使用更加具有现实意义。如在香港地区的新城建设中，由于香港多山地理环境因素的影响，新城周边多以依托山体的大片绿地与郊野公园的形式与城市建设相互

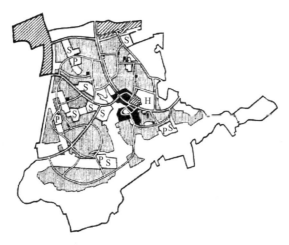

图 3-13　英国彼得利（Peterlee）新城平面图

（图片来源：Frederic J. Osborn，Arnold Whittick，《New Towns-Their Origins，Achievement and Progress》）

制约与影响，而且几乎所有的新城在其城市规划条例中都明确规定有绿带一项，并将其规划意向表述为：利用天然地理环境作为城市发展的界限，以抑制城市范围的扩展，并将其作为静态的游憩场地，而且根据一般规定，此地带不宜进行城市开发（表 3-3）。

香港粉岭/上水新城绿带规划用途导则　　　　　　　　　　　　　　　表 3-3

经常准许的用途	需要进行申请核实的用途
1. 农业用途； 2. 烧烤地点； 3. 政府用途（只限报案中心）； 4. 自然保护区； 5. 自然教育径； 6. 农地住用构筑物； 7. 野餐地点； 8. 公厕设施； 9. 露营地； 10. 野生动物保护区	1. 动物寄养； 2. 播音、电视及电影制作； 3. 墓地； 4. 电车线路及车站； 5. 火葬场； 6. 郊野学习、教育、游客中心； 7. 打靶场； 8. 高尔夫球场； 9. 垃圾回收站； 10. 度假营； 11. 加油站； 12. 健身娱乐场所； 13. 公共事业设施； 14. 信号收发装置； 15. 宗教机构； 16. 住宿机构； 17. 学校； 18. 社会福利设施； 19. 动物园

（资料来源：香港粉岭/上水新城分区计划大纲草图编号 S/FSS/19，2013.12.20）

3.2.2　城市绿地发展背景下的绿地联系性的确立

　　如果说绿带政策的影响还仅仅是局限在城市外部与自然相互接触的边界地带，那么该时期新城绿地联系性的建立则对新城绿地结构体系的建立起了至关重要的作用。

新城绿地的发展离不开整体城市绿地发展的背景，从 19 世纪下半叶到 20 世纪初的这段时间是城市绿地类型逐渐丰富、绿地与城市自然生态环境联系逐渐紧密的阶段，城市绿地涵盖的内容越来越广泛，规划的视野从内向逐渐走向外向、开敞。

19 世纪下半叶以"开放空间系统"（Open space）、"公园道"（Parkway）等名称为主的绿道（Greenway）规划在北美逐渐兴起，目的是将孤立的公园联系在一起从而使人们体验到未被道路和边界打断的连续景观。1875 年，在奥姆斯特德提出建立城市公园与城市公园道的基础上，波士顿制定了波士顿公园系统总体规划，在规划中奥姆斯特德就将城市水系与河边湿地、综合公园、植物园、公共绿地、公园路等各种功能绿地相连接，构成了著名的"翡翠项链"公园系统（图 3-14）；在此基础上，1893 年艾略特又提出了更大尺度的大波士顿区域公园系统规划方案，确定 129 处应该保护和建设的开放空间并将其划分为海滨地带、岛屿和入河口、河岸绿地、城市建成区外围森林、城市公园与娱乐场等五个类别；而阿布克隆比（Abercrombie）在大伦敦规划的规划文本中也提到："需要将所有形式的开敞空间看作一个整体，以公园路连接大型公园，相互协调形成一个联系紧密的公园系统……从花园到公园，从公园到公园路，从公园路到绿楔，从绿楔到绿带，通过连接顺畅的开敞空间，城市居民可以从家门口到达乡村地区"（刘颂，2011）（图 3-15）。这些系统规划的绿地建设实践都对这一时期的新城绿地建设起到了十分重要的影响，新城绿地通过确立各层面的关系不但与外部的自然建立了联系，也将外部自然与城市内部绿地联系为一体。

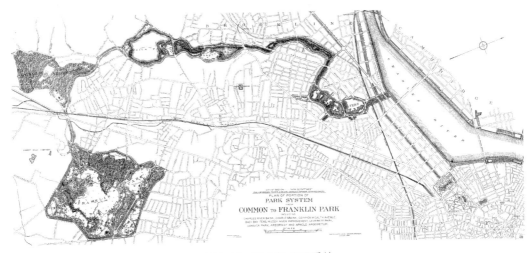

图 3-14　波士顿公园系统

（图片来源：Cynthia Zaitzevsky，《Frederick Law Olmsted and the Boston park system》）

在法国巴黎地区的新城建设中，新城作为一种城市区域发展模式，并没有采用英国新城发展中的通过绿带与主城进行分隔，而是通过带状绿楔的设置建立城市内部公园绿地与外部农田、河谷、森林的联系，将自然引入城市内部（图 3-16）；而在城市内部，巴黎新城的人均公共绿地达到 25～30m²，住宅的布局与四周各种绿地和空地有机结合。住宅单元内部的绿地、商业及公共建筑周边的绿色开放空间以及公园道和公园地区等组成了新城整体的绿地及开放空间体系，新城的线形空间结构可使居民很方便地进入居住区内外的绿地。新城公园规模一般较大，从 100～500hm² 不等（张捷，赵民，2005）。

在英国哈罗新城的绿地体系建设中，城市充分考虑了自然现状地形地貌的特点与城市

图 3-15　1944 年大伦敦开放空间规划

（图片来源：张捷，新民，《新城市规划的理论与实践——田园城市思想的百年演绎》）

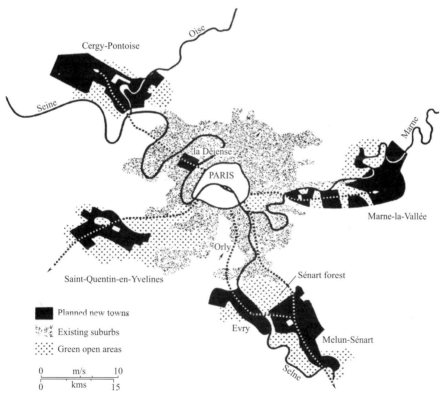

图 3-16　法国巴黎地区新城与外部自然结构关系图

（图片来源：Pierre Merlin，《The New Town Movement in Europe》）

建设的结合，从而形成具有特色的城市布局结构与形态。城市外围的河谷和丘陵构成了包围城市的大片绿地结构，一条主要以东西向延伸的冲沟从东、南、西三面伸入城市，结合冲沟设置的大型绿地廊道将城市与外部自然及内部绿地空间连为一体（图 3-17）。而在米尔顿·凯恩斯新城的规划建设中，通过线形绿地与自然山谷、水系的结合确立了位于城市东西两侧呈南北向贯穿城市的两条最主要的绿色景观廊道，而城市公园与公园之间也通过公园道及小型连接绿地的连接成为一个连续的整体，两者共同构成了新城最主要的开放空间体系（图3-18）。

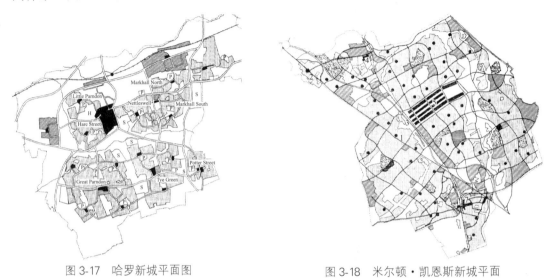

图3-17　哈罗新城平面图　　　　　　　　图3-18　米尔顿·凯恩斯新城平面

（图片来源：Frederic J. Osborn，Arnold Whittick，《New Towns-Their Origins，Achievement and Progress》）

3.2.3　相关城市规划思想对新城绿地引发的新变化

这一阶段新城建设中应用到的主要城市规划思想也对新城绿地的建设起到了间接的影响，其中对新城绿地建设影响最大的是克莱伦斯·佩利（Clarence Perry）的"邻里单位"（Neighbourhood Unit）思想、索里亚·玛塔的"带状城市"（Linear City）思想和现代主义思潮中的集聚与分散化思想，后者最具代表性的是勒·柯布西耶（Le Corbusier）的"现代城市"（Contemporary City）思想和佛兰克·劳埃德·赖特的"广亩城市理论"。

3.2.3.1　邻里单元模式与绿地分散化及隔离型绿地的产生

1929年，美国人克莱伦斯·佩利（Clarence Perry）提出了著名的"邻里单位"理论（1929），即以社区为单位对城市进行单元划分，这一规划理论对最初的新城建设起到了很大的影响。以邻里单元模式建设的新城，社区与社区之间由城市道路分隔，而每个社区内部必须要具备"规模（Size）、边界（Boundaries）、开放空间（Open Spaces）、公共设施区位（Institution Site）、地方商店（Local Shops）和内部街道系统（Internal Street System）"六要素（李强，2006），其中开放空间的要求使得每一个邻里单元都要设立自己的邻里开放空间，这成了新城建设之初城市内部开放空间由集中到分散的原因之一。

邻里单元模式对世界范围内新城建设的影响很大。在英国的新城建设中，其第一代新城建设几乎全部借鉴了这一模式（Frank Schaffer，1969），以其《新城法》下建设的第一座新城斯蒂夫尼奇为例，整个新城被规划为6个邻里单元；赫默尔·亨普斯特德新城被划分为10个邻里单元……这些邻里单元之中都有各自的邻里公园，以方便单元内部居民的休闲活动（图3-19）；而在法国，其巴黎地区的5座新城也遵循了邻里单元的基本原则；

在日本多摩新城的建设中，新城被划分为 21 个邻里单元，每一个单元面积在 $100hm^2$ 左右，单元之中设置有多样化的绿地（图 3-20）。

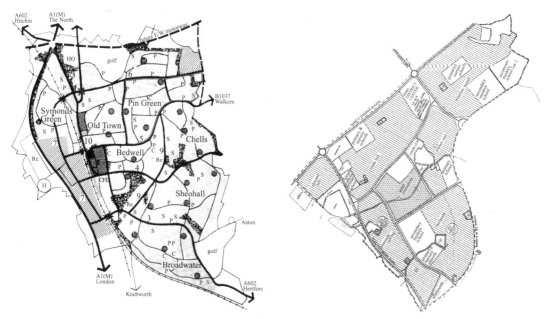

图 3-19　赫默尔・亨普斯特德新城及其邻里单元平面

（图片来源：Frederic J. Osborn，Arnold Whittick，《New Towns - Their Origins，Achievement and Progress》）

图 3-20　日本多摩新城及其邻里单元平面

（图片来源：http://www. Japan. tama. html）

　　需要注意的是，为了使得各邻里单元之间有所区别且相互独立，单元与单元之间往往也通过一定面积的绿地空间的设置对其进行分隔，这导致了新城内部隔离型绿地开放空间的出现，这些空间往往结合邻里单元之间的城市道路、城市及社区学校及其他公共设施进行布置，形成了该时期新城的典型特征之一。绿地隔离的特征在英法两国的新城建设中较为明显，如在哈罗新城中，邻里单元之间就保留了十分宽阔的带状绿地空间；而在法国巴黎地区的新城建设中，其新城各邻里单元之间散布的特征更加明显，其新城更像是将原本就相互分离的城镇通过区域性结合而产生。如在其塞尔吉-蓬图瓦兹新城（Cergy-Pontoise）中，规划建设的 5 个邻里单元（功能分区）之间结合瓦兹河和周边的自然地貌设置了十分宽阔的绿地空间，其中中心区域的瓦兹河湾地区还被开辟为面积达 $500hm^2$ 的大型城市公园（图 3-21）。而在日本、中国香港等国家或地区，由于城市用地

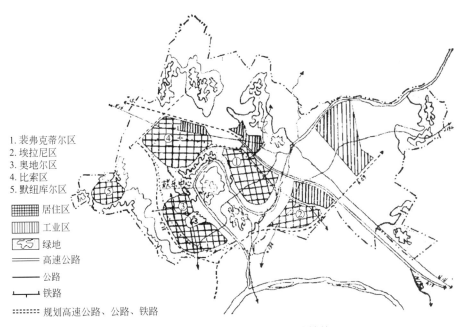

1. 裴弗克蒂尔区
2. 埃拉尼区
3. 奥地尔区
4. 比索区
5. 默纽库尔区

▦ 居住区
▥ 工业区
▨ 绿地
═ 高速公路
── 公路
┴ 铁路
┄┄┄ 规划高速公路、公路、铁路

图 3-21　法国塞尔吉-蓬图瓦兹新城结构图
（图片来源：钟暎，《法国新城塞尔吉-蓬图瓦兹简介》）

有限且人口密度较大，邻里单元之间的间隔较小，但仍然设置有一定宽度的隔离型绿地并配合城市道路的布置，就是为防止单元与单元之间的连片发展而导致新城无序蔓延（图 3-22）。

图 3-22　香港大浦新城鸟瞰
（图片来源：http://zh. wikipedia. org/wiki/File：TaiPo _ New _ Town. jpg）

邻里单元模式在一定程度上导致了新城绿地由集中走向了分散，同时又使得城市内部得以保留了较多的绿地空间，这些绿地空间中的一部分又与外部自然相联系，间接促使了城市与自然之间更紧密联系的建立。

3.2.3.2 带状城市模式与线形交通对绿地的引导作用

1882年，西班牙工程师 A·索里亚·伊·马塔提出了带状城市的构想，其核心思想为：线形交通引导城市发展，将城市建设成为沿交通运输线路布置的长条形建筑地带。索里亚为了通过实践来验证其理论的可行性，于1892年在距马德里市中心约5公里的城市郊区设计了一条连接两个原有城镇的轨道交通线路，使其成为一个弧形的带形城市。经过多年发展，到1912年马德里带形城形成了一定规模，约有居民4000人（图3-23）。然而索里亚规划建设的带形城市实质上只是一个城郊的居住区，后来由于土地使用等原因，这座带形城市向横向发展，失去了原来的面貌，但带形城市理论却造成了深远影响，如苏联在20世纪30年代进行斯大林格勒（今伏尔加格勒）规划时就采用了带形城市理论（张捷，赵民，2005），而在一些地区如今仍能看到线形交通引导下的小型带状城镇结构（图3-24）。

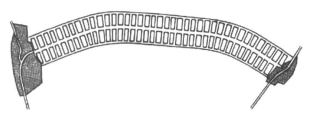

图 3-23　带状城市模式图

（图片来源：张捷，赵民，《新城规划的理论与实践——田园城市思想的百年演绎》）

图 3-24　加拿大魁北克圣劳伦斯河畔的尚普兰（champlain）带状居民点

（图片来源：https://en.wikipedia.org/wiki/Linear_settlement）

索里亚·马塔的带状城市理论对该时期的新城建设同样造成了重要影响，Frank Schaffer 在《新城故事》中就提到带型城市对英国新城建设的重要影响，并举例说明在朗科恩（Runcorn）新城建设中就率先引入了带状城市理念，通过城市外围快速交通与内部公共交通体系的建立引导城市发展，其后的华盛顿（Washington）新城与米尔顿·凯恩斯新城等都是交通引导城市的具体实践（图3-25、图3-26）。而在法国巴黎地区及其他国家的新城建设中，新城与城市交通线路的关系更加密切，所有新城的总体布局基本都是沿着铁路或者快速公路进行带状布置，这样的城市形态减少了城市对自然的侵占，能够较好地保护城市周边的自然资源与自然景观（图 3-27）。

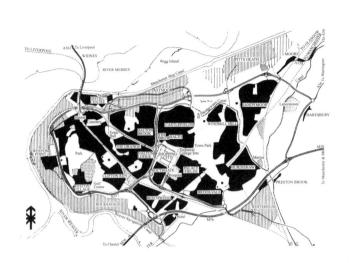

图 3-25　朗科恩新城平面图　　　　　　　图 3-26　华盛顿新城平面图

（图片来源：Frederic J. Osborn，Arnold Whittick，《New Towns-Their Origins，Achievement and Progress》）

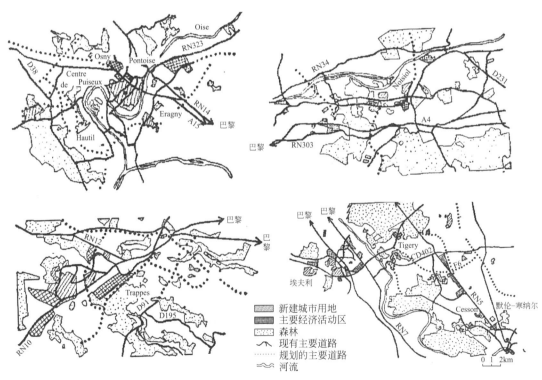

图 3-27　法国新城中的城市与交通的关系
（图片来源：张捷，赵民，《新城规划的理论与实践——田园城市思想的百年演绎》）

索里亚·马塔带状城市基本原则中最重要的一条是："城市建设的一切其他问题，均以城市交通运输问题为前提"（张捷，赵民，2005）。由于带状城市中对交通基础设施地位的突出，在以交通基础设施发展为主要导向的新城中，绿地建设也必然会受到这一理念的影响，最主要的体现是绿地空间与线形交通设施的结合。如在英国朗科恩新城和华盛顿新城的规划建设中，城市的主要绿地空间大多数与城市主要交通线路保持一致，并呈线形分布，即作为城市道路与其他城市设施之间的分隔，同时也体现了交通对人生活方式的影响。由于城市交通作为城市与城市之间联系的纽带，必然要与城市外部自然发生关系，这也使得城市内部绿地与外部自然的关系更加密切。

3.2.3.3 现代主义思潮的"集中与分散"

现代主义思潮中的"集中"指的是勒·柯布西耶的现代城市理论，是将城市看作是一个高度集中布置的"居住机器"。1922 年勒·柯布西耶发表了《明日城市》（The City of Tomorrow）一书，提出了现代城市功能分区的思想，将城市功能总结为居住、工作、交通、游憩，从而导致了以此为依据的城市功能分区的诞生。现代城市的核心思想是提高城市中心的建设密度，从而提供充足的绿地（张捷，赵民，2005）。勒·柯布西耶的现代城市理论逐步形成了理性功能主义的城市规划思想，在此基础上，1933 年《雅典宪章》颁布，其中再次强调了要确保各种城市绿地和开敞空间和新建居住区内部空地的保留（刘颂，2011）。

现代城市的理性功能主义思想在很长一段时间内都是城市建设所依据的主要理论之一，在西方新城发展的后期阶段，新城的建设也开始逐步采用较高密度的布置手法，以此来提供一种更多样化的城市生活，城市绿地的品质也得到很大的提高（Frank Schaffer，1969）。而在人口与城市建设密度远远高于欧洲的亚洲，中国香港和日本的新城建设中体现出来的现代城市特征更加明显。从柯布西耶发表的《明日城市》的规划图中可以看出，整个城市是一个"平面＋巨型建筑"的构造方式，他设想将城市人口中的 40 万人安置在城市中心 24 栋 60 层高的摩天楼之中，在摩天楼周边是较低的多层公寓住宅，最外围是花园式住宅。虽然柯布西耶的近似于科幻式的设计从来没有进行真正的实施，但其这种高容积率的"集中建设＋大型绿地空间"的空间模式却被应用到了城市建设中，将之与香港新城的建设图片对比我们可以看到很高的相似性（图 3-28、图 3-29）。

图 3-28 柯布西耶为巴黎重建制作的现代城市模型

（图片来源：https://en. wikipedia. org/wiki/Le _ Corbusier＃/media/File：Plan _ Voisin _ model. jpg）

图 3-29 香港天水围新城鸟瞰

（图片来源：http://www. cedd. gov. hk/sc/about/ achievements/regional/regi _ tinshuiwai. htm）

与柯布西耶的现代城市理论相对的是佛兰克·劳埃德·赖特的"广亩城市理论"，其代表的是一种分散主义思想。1934年赖特首次提出了广亩城市的城市设计思想，其本质是汽车时代下的产物，强调在私人私车作为交通工具的前提下，人们不需要再固定居住于某一特定地点，而是随时可以去想去的地方，这样就导致了分散化的居住模式，也就大大削弱了城市以高层建筑为主的中心集中的特征。与柯布西耶的现代城市相比，赖特的思想显得更加极端，如果说柯布西耶是在努力实现一种理性高效的城市梦想，那么赖特却在一定程度上质疑了高密度城市存在的必要性。

赖特的广亩城市思想对美国的城市郊区化影响最大，这也一度导致了美国中心城市的衰弱。而对于世界其他地区的新城来说，广亩城市的实践并不多见，但其提倡的返璞归真式的田园生活却在一定程度上推动了新城建设中对乡村自然和为人们提供接近城市外部乡村自然机会的重视（图3-30）。

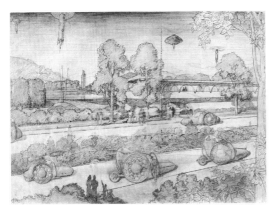 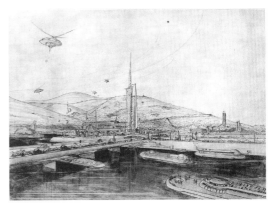

图3-30　赖特的广亩城市手绘图

（图片来源：https://en.wikipedia.org/wiki/Broadacre_City#Plan）

3.2.4　发达国家及地区大规模新城建设时期新城绿地的问题分析

3.2.4.1　绿带保护模式的反思

在城市外围建立绿带的模式作为西方大规模新城建设中重要的方法，虽然在很大程度上保护了外部的乡村自然环境，避免了城市建设对外部自然的破坏，为城市与自然的和谐相处提供了保障，但此时期的绿带政策有两个明显的缺陷：绿带设置的永久性与边界设置的机械性。

永久性针对的主要是绿带边界及内部土地使用。绿带政策自颁布之日起，其作为一项政策法规，具有很强的约束性，英国政府颁布的《规划政策指引2》（PPG2）中就指出："绿带的本质特征就是其永久性"（贾俊，高晶，2004）。绿带设立之后尽可能地禁止一切不必要的建设活动，如在《韦林—哈特菲尔德地区规划2005》（Welwyn Hatfield District Plan 2005）中，其关于绿带中的建设问题就说道："绿带中的建设只允许农业、森林、采矿，为户外活动的小规模基础设施和不影响其开放性的房屋建造"。城市外围绿带的内侧边界抵近城市建成区设置具有永久性，城市如果想要发展必须跳过绿带范围，可绿带范围之外仍然是需要被保护的自然环境，这不但增加了城市建设的成本，也会继续造成城市建设对无管控区域自然的更加严重的破坏。

绿带设立很重要的一个目的是对城市周边自然环境的保护，但自然环境是一个相互联系的整体，同时其自身价值的高低与距城市的距离没有必然联系。换句话说，以城市为基准人为设定的边界并不能很好地反映真实需要保护的自然景观边界及类型，机械划定的边界中很多绿地往往缺乏生态保护的价值，而更加重要的自然景观及资源由于并不处于绿带边界之内反而被人们忽视。所以单一的绿带模式，并不能真正实现对自然环境的绝对保护，并不利于城市与自然建立一种互动机制。

在此基础上，很多以绿带政策作为限制城市增长与自然环境保护的国家及地区也在尝试对绿带政策进行一定的修改，例如苏格兰在对其绿带政策进行评价的基础上，肯定绿带保护景观和绿化环境的作用，同时将绿带转变为一种"战略土地储备"，甚至有人提出将传统的单一绿带模式转变为一种"双层绿带模式"，将靠近城市区域的绿带作为城市边缘绿色空间，而外部一层叫作绿色遗产区，使得绿带的灵活性大大增加（卡林沃思，2011）。

3.2.4.2 新城内部大面积绿地空间造成的土地浪费与城市隔离

新城内部大面积绿地空间造成的土地浪费与城市隔离主要是针对西方新城的城市绿地建设。西方大规模的新城建设是以传统工业城市对自然的破坏、城市内部环境恶化和自然生态理念兴起为背景的，所以在新城建设中缓解传统工业城市中拥挤、脏乱的生活条件，为城市居民提供接触自然的机会成为政府、规划建设者和新城居民的共识。加之该阶段城市公园系统、开放空间规划等一系列绿地建设理念的兴起，使得绿地在城市中的建造数量和占有面积成为衡量与解决这一系列问题的标准。同时，西方国家新城建设中的大面积绿地空间往往是对建设区域原有自然表征土地的保留，体现了一种一贯的对乡村自然环境的追求，虽然这种做法使得城市内部能够形成依托自然景观的大面积绿地空间，但其过大的尺度与其所提供的使用功能往往并不成正比。

如在英国新城的实践中，新城一般有 20% 的土地为开放空间，人均开放空间为 40m²。科比（Corby）新城中心地带设有 80km² 的湖面、克雷甘文（Craigavon）新城开发了11km 长的河谷作为游憩场所，其中包括了占地 48km² 的湖面、密尔顿凯恩斯新城建有长达 40 千米的河道及游览区，由南到北连接各类公园绿地。以米尔顿凯恩斯新城为例，新城中公园、灌木林、湖泊、滨水步行道、运动场、高尔夫球场遍布各处，开放空间面积几乎达到城市占地面积的 40%。这样大面积的绿地空间由于功能单一且尺度过大，占用了很多城市建设面积，造成了比较严重的土地浪费。同时，由于绿地空间往往作为邻里单位及城市功能分区之间的分隔，过大的绿地尺度容易对城市组团与组团之间造成空间的隔离与联系的减少，造成组团孤立感的增强，减弱城市的内聚力。如哈罗新城中邻里单元间大面积的横向绿色地带就在一定程度上造成了单元与单元之间的空间隔离，不利于城市形成有凝聚力的核心。

3.2.4.3 新城绿地类型较为简单

在发达国家及地区的大规模新城建设时期，虽然城市绿地开始逐步走向体系化，但其绿地类型却较为简单，原因可以归结为以下几点：首先，此时期的新城面积都相对较小，这主要是受到各新城所在地域人口、地理及城市建设目的等多种因素的影响。如英国新城平均规划面积在 29km² 左右，日本和中国香港的新城平均规划面积都在 20km² 左右，这样较小的城市规划面积很难形成较为多样的城市绿地类型，而即便是法国新城的平均规划面积达到了 100km² 以上，但其大部分为邻里组团之间和外围的大面积自然绿地空间，类型同样较为单一。其次，发达国家及地区大规模新城建设时期新城绿地类型的单一必须要考虑城市及城市绿地发展的历史局限性因素。20 世纪 40—80 年代期间，城市绿地的发展还主要处在城市美化与提供绿色空间的阶段，与其他城市要素的结合及其生态性体现方面的影响还相对较小，所以绿地还是以大面积的绿化特征为主，类型较为单一。

3.3　后新城时代——国内新城绿地的发展与问题

我国大规模的新城建设兴起于 20 世纪 90 年代，以北京、上海地区的新城建设最具代表性。在此之前，新城在空间形态上多以环绕大城市的卫星居住城为主，之后逐渐发展为具有综合规模效应和完善城市功能的新城。在新城绿地方面，我国于 20 世纪 50 年代就引进了西方的田园城、卫星城、区域规划、有机疏散等城市建设理论，其后国内相关学者又于 1958 年提出了"大地园林化"这一指导思想，进入 90 年代之后，钱学森先生的"山水城市"理念以及西方"生态城市"等先进理念持续引入，这些都在区域及生态层面对新城及其绿地建设起到了重要影响。

与国外新城绿地的建设相比，国内新城发展时间短，并没有形成具有特定理论基础与形态风格，但国内新城绿地建设却具有自身的一些优势，具体体现在后发优势与自然基底类型丰富两个方面。西方发达国家的大规模新城建设已经基本结束，在经过近 40 年的建设过程中，新城绿地在理论及形态方面为我们提供了大量的经验，如英国的绿带政策、开放空间规划，美国的城市公园系统、生态城市理论等，这些都是可以直接借鉴和学习的范本。由于我国幅员广阔，自然地形地貌丰富、变化多样，又加之新城的选址建设多与自然基地重合，这为新城绿地建设与自然的结合并形成地域特色提供了良好的基础。但由于国内新城建设尺度较大、规划设计周期较短，且受经济及政策影响较大，使得多数新城及其绿地的建设"重理念轻分析""重形式轻功能"，暴露出了很多问题。

3.3.1　新城绿地先破坏后绿化现象严重

"土地城镇化"的畸形发展方式使得多数新城绿地采用"先破坏后绿化"的模式，不注重原有场地上的自然生态环境与结构，将绿地片面地看作是"绿化用地"，破坏了不可再生的原生生境及自然地貌，导致重复建设与自然特色的消失。据相关学者统计的我国 100 个新城（以生态新城为主）建设项目选址，在滨湖、滨河、滨海、水库、湿地等自然水域周边建设的新城项目分别达总数的 26.7%、14.9%、10.9%、5.9%、4%，总计达新城总数的 62%；选址农田和山地的项目分别占 17.8% 与 13.8%（李海龙，2012）。城市化是一个在某种程度上必然对自然造成影响的过程，尤其是在上述生态敏感地区，破坏的程度要远远大于保护的程度。

3.3.2　新城绿地尺度失衡

国内新城在规划尺度上远远大于国外新城，以英国为例，大伦敦规划中的 9 座新城平均用地规模在 27.6km²，而北京市规划的 11 座新城的平均用地规模为 63.9km²，这既是我国地域面积广阔及人口众多的客观原因导致，也存在缺乏对新城规模评估的主观因素，使得新城用地使用及管理粗放，加之绿地往往作为城市建设"绿色生态"的标志，导致很多新城绿地尺度失衡，在一定程度上造成了土地资源的浪费。如在上海临港新城规划建设中，其主城区面积为 68km²，由于整体空间结构模仿田园城形态模式，布置有大面积的楔形绿地、城市公园带和环湖景观带等绿地结构，追求平面形式感的圆形及楔形绿地结构宽度为 100m、500m、2000m 不等，从已建成效果来看，具备的实际功能与巨大的绿地尺度远远不成比例，同时也对城市功能和交通组织产生了一定影响（图3-31、图 3-32）。

图 3-31　临港新城规划效果图
（图片来源：http://www.lgxc.gov.cn/）

图 3-32　临港新城 500m 宽城市公园带建设效果
（图片来源：Google Earth）

3.3.3　树状思维导致绿地参与性偏低

新城建设者仍然受制于"树状思维"的影响，树状思维是一种等级观念，汤姆·特纳在《景观的城市》（City as Landscape）中曾指出："不能把城市当作一个树状结构来看待，而应把它看作是一系列景观的组合体，每一个景观要素都与其他景观要素发生着联系。"（Tom Turner，1996）树状思维在具体的新城建设中即是指将建筑、交通设施等作为城市建设顶级结构，这导致了绿地角色的边缘化与绿地规划与设计的滞后性。相应新城建设中的绿地在很多情况下仍然是一种"填空式"的规划与设计方式，使得新城绿地很难形成完整、连贯的绿地结构并在城市与自然融合方面发挥更加积极的作用，而即便能够在规划层面形成完整连贯的绿地结构，在后期也很难保证高质量的设计与建成效果，从而也大大影响了绿地效能的发挥。

3.3.4　新城绿地建设中的"绿色沙漠"化现象

近年来，以生态、低碳等为建设理念的新城层出不穷，导致了在城市及相关项目建设中出现了"泛生态化"的现象。相关学者对我国生态城市规划建设的状况做了统计，截至2012 年 1 月，在北京、天津、河北、江苏等 27 个省市及自治区共有合计近 100 余个生态新城建设项目（李海龙，2012）。绿地作为最直观的生态性载体，使人们简单地将生态与绿色等同起来，而不注重绿地本身的功能属性与建设质量，对于设计形式的滥用使得新城绿地的规划与设计"重形式轻功能"，使其在某些新城中呈现一种"绿色沙漠"的现象，而这也成了绿地尺度失衡、参与性偏低的直接结果与体现。如在河南省郑州市的郑东新区建设中，新区中心如意湖西侧的红百花公园作为新城中心面积最大的一片城市公园，其上只是简单地布置了一片异形的中心广场，其他大片区域为毫无使用功能的绿地空间，仅设置了零星的游步道，不达规格且随意种植的乔灌木使得上层植被覆盖杂乱无章，这样的绿地结构既不能发挥良好的生态效能，也不能形成良好的绿化景观（图 3-33）。

图 3-33　郑东新城红百花公园

（图片来源：http://www.zhengdong.gov.cn/）

3.4　小结

本部分主要从脉络梳理及问题分析两个层面对新城的起源、发达国家及地区以政府为主导的大规模新城及其绿地建设和国内当下新城绿地建设等几个方面进行了归纳与总结。从整体性的背景来看，新城建设从出现伊始就带有很强的城市与自然融合的特征与理念，而新城绿地在其自身形态与对外部自然的认识方面已经出现了一定的整合趋势，主要表现在绿带模式在城市边缘区域对外围自然的保护和城市发展的限制及绿地与自然要素联系性增强两个方面，同时新城绿地受城市规划理论及模型的影响的外在表现更为明显，这也使得绿地在结构形态方面与整体城市的关系更加密切。但发达国家及地区的新城建设同样存在一定的历史局限性问题，这集中表现在对于绿带模式边界设定的反思、新城绿地尺度与功能不符造成的土地浪费和城市隔离、新城绿地类型单一等几个方面。这些优势与问题都应该成为研究新城绿地整合性的经验借鉴。而反观当下国内新城绿地的建设，其所暴露出来的问题在很大程度上反映的还是一种对城市与自然融合理念认识的缺乏和对绿地本身作用与功能认识的落后。所以基于本部分的分析，是否能够在当下国内新城及其绿地建设中提出一种既体现融合价值理念又能解决实际问题的针对性策略就显得十分必要。

4　新城绿地整合理念的提出

4.1　整合价值观的确立

所谓价值观，是指一个人对于世界及周围事物的总体认识和看法，反映了个人行为方式的取向及对客观事物的评判标准。新城绿地的整合是发挥新城绿地在城市与自然融合理念下对城市及自然诸要素的整合作用，而这种整合机制的产生与作用离不开人的主观能动性，换句话说，新城绿地整合性建立的前提是要在新城绿地的基础上确立一种整合的价值观，新城绿地整合的目的是要建立一个具有联系性、多样性、过程性和经济性的动态和多元的秩序与形态。

4.1.1　联系性

绿地整合性的发挥是要建立城市及自然诸要素之间的联系，并使之成为一个整体，多元统一的整体观是整合的实质（刘捷，2004）。整体性属于整体论的范畴，是关于整体与部分之间关系的思考。

在区域层面，城市包含于整体自然环境之中，城市建设是在整体自然环境之中的人工建造过程；而从城市层面来说，城市之中同样存在被包含的自然元素，但这种包含与被包含的关系，并不是整体，正如亚里士多德所说的"整体并不等于部分之和"。美国环境学者巴里·康芒纳（Barry Commoner）在其《封闭的循环——自然、人和技术》一书中就曾提出过著名的"所有事物均与其他事物有联系"的原则（Barry Commoner，1971）。他从环境危机诞生原因的角度入手，将生命的出现、进化、种类的增加，一直到形成全球性的生态网络这一过程解释为生物与生物之间建立联系的过程，而环境危机的诞生恰恰是因为物种与物种之间、生物和其他事物之间联系中断而造成的。所以整体的建立就需要各元素之间存在相互联系，从而形成一种结构体系，这样的一种结构体系可以用"复合体"和"整体"的区别加以分析。如图4-1所示，第Ⅰ类和第Ⅱ类体现的是元素数量上和类型上的不同，反映的是一种叠加性的特征，属于复合体的范畴；第Ⅲ类则体现的是结合方式的不同，从而呈现一种构成性特征，属于整体的范畴。而绿地在自然与城市之间就起到了这样一种联系性的作用，通过绿地不同的连接方式，自然与城市各要素之间就可以形成一种整体性关系，从

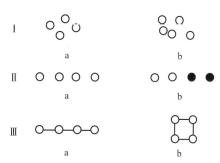

图4-1　复合体与整体的区别
（图片来源：刘劲杨，《构成与生成——方法论视野下的两种整体论路径》）

而不再是一种空间上的简单加和模式（图 4-1）。

4.1.2　多样性

整合要考虑与体现构成元素及各自行为的多样性。多样性作为一个常出现在生物领域的名词，反映的是一种自然状态下的客观事实，即世界与生命本身发展的结果就是一种多样化存在方式。而在反映客观事实的前提下，生物多样性还给予我们另外一层启示，那就是多样性在很大程度上代表着安全性与稳定性，系统中存在的生物种类越多，其多样性特征就越强，系统对外部影响的承受力和抗干扰力就越强，整体系统就更加稳定。绿地整合的多样性价值观的确立就是为了体现城市及自然构成要素的多样性、要素之间结合方式的多样性和表现结果的多样性。

城市与自然要素的类型包罗万象，这些要素构成的系统本身就是一个多样性的集合体，绿地整合的前提就是要确保这样一种自然多样性的持续存在，而在多样性缺乏的地区要通过补充与再造来恢复多样性。在此基础上，通过绿地整合建立联系的方向也不止一种，联系的方式也是多种多样，即可以包括实体形态的联系，也可以包括非实体形态的联系。最终，自然多样化的保持与联系多样化的建立就会导致作为整合结果的居住环境的多样性，正如奥多姆（Odum）所说："一个最舒适，当然也最安全的适于居住的景观，应该拥有各种不同的庄稼、森林、湖泊、溪流、道路、沼泽、海岸和废弃地，换句话说，应是一个不同时期的生态群落的混合体"（迈克尔·哈夫，2012）。

4.1.3　过程性

整合是一种作为过程的结果。关于过程性，著名哲学家怀特海曾经对过程原理做出了总结：一个现实存在是如何生成的，构成了这个现实存在是什么……现实存在的"存在"是由其"生成"所构成的，这就是"过程原理"（怀特海，2013）。他进一步指出：任何现实存在，不管是以实体性形式存在的如山川、日月、星辰、树木等，还是以非实体形式存在的如信息、波、场、精神、意识、思维等，只有处于不断生成的现实过程之中才是真正的、实在的存在。倘若脱离了不断生成的现实过程，它们就成为非实在、非真实的存在（杨富斌，2013）。所以，如果说整体性体现的是整合的构成性特征，那么过程性体现的则是整合的"生成性特征"。

在传统的设计中，由于设计局限于个体本身，所以设计结果往往被看作是一种静态的展示，从而忽略了设计过程本身及与其他事物的联系。景观生态学家艾伦·拉夫（Alan Ruff）就曾经指出：景观是一个过程。对于最终的解决方式不应当是先入为主，而是顺应变化的社会需求以及生物需求。景观应当慢慢进化就如同宏伟的大教堂经过数个世纪的洗礼一样，因此创造性的管理应当确保景观保持一定的弹性，适应新发展新变化，而非使用某种维护技术来保持一个特定的状态（Simon Swaffield，2002）。绿地整合的对象是城市与自然，两者都是处在持续变化之中的事物，过程性整合价值观的确立就是要突破这样一种片面的设计思维，将绿地整合性的发挥看作是一种持续性的建立城市与自然的联系、为城市与自然的发展提供弹性空间的设计结果。而且，也只有将过程性融入设计思维之中，设计才可以被看作是一种整合性的设计，进而发挥出一种持续动态变化之中的整合效益。

4.1.4　经济性

经济性关注的主要是资源投入和使用过程中成本节约的水平和程度及资源使用的合理性。整合的经济性主要体现在空间与功能两个方面。首先，空间上的整合是一种站在不同资源的角度对资源进行合理化配置的过程，避免了不合理的空间布局导致的矛盾冲突及对原有价值的破坏；其次，功能上的整合是在空间整合的基础上提倡一种功能的混合，即提供一种双向或者多向的服务，减少发挥相同功能的额外投入，产生一种 $1+1>2$ 的效益模式。正如SGO（精明增长在线）提出的"精明增长"模式，其中就将混合式多功能的土地利用列入其确定的10条原则之中，目的就是提高土地的使用效率，强调经济性，而在可持续城市化的要求中也将整合设计形容为"在带来更多益处的同时却没有增加太多的成本甚至完全不费成本"（迈克尔·哈夫，2012）。

4.2　整合对象的确立

新城绿地整合理念的提出是为了避免新城建设中城市与自然的相互分离，在整合价值观中已经提到，绿地的整合性是要建立城市与自然诸要素之间的一种整体秩序关系，从系统论的观点出发，"要素"是指以一定结构形式连接构成具有某种功能的有机整体的必要元素，而这些城市与自然要素及其拼凑组成的城市与自然环境就成了整合的对象。对于整合来说，只有明确了对整合对象的认识，才能够具体引导我们提出以这些对象为基础的整合方法，才能在理论和实践中突出绿地作为整合媒介的优势。

4.2.1　自然及自然要素的解构

城市的建设依托于土地，而土地本身正是时间与空间作用下的自然地域信息的载体。不同于城市集中建设区域的人工环境，新城建设区域多为以自然属性为主的非集中建设区域，可以被看作是在自然环境之上创造适宜人类居住的城市环境的过程与结果。土地之上的原始自然信息，如自然山水格局、动植物及其生存环境等形成了新城所在地域的"第一自然属性"，即古罗马哲学家和政治家西塞罗（M. T. Cicero，公元前106—前43年）提出的"天然景观"。在此基础之上，通过人工的适应性改造与传承所形成的农业生产肌理又形成了新城建设中面临的最重要的"第二自然属性"，两者共同构成新城场地所要面对的主要自然景观类型。山水、动植、田塘，三者既具有不同属性，同时又相互联系与交织在一起，既是要素本身也是要素生境载体，共同构成一个新城建设所要面对的主要自然要素体系。

4.2.1.1　山水

"山"是陆地表面高度较大、坡度较陡的隆起地貌，包括山岳与丘陵；"水"相对于陆地而言，是江湖河海洋的总称（《辞海》，2010）。山、水是自然景观要素在立面和平面上的最直观表现形态，是构成地域景观体系的最重要元素，两者一同构成了古代对于自然的最早定义。《韩诗外传》中曾这样评价："山者，万物之瞻仰也，草木生焉，万物殖焉，飞鸟集焉，走兽林焉，吐生万物而不私焉"。《管子·水池》认为"水者何也，万物之本源也，诸生之宗师也，美恶贤不肖愚俊之所产也"。

山与水由于其形态、文化与生态意义上的多重特性，自古以来就成为城市选址建设重要的参考与利用要素。在古代城市中，山与水多承担着防御、交通、生产、宗教崇拜等诸多功能，是城市选址建设最重要的参考因素，反映了中国传统"天人合一"的山水自然观。随着时间的推移，上述城市发展初期山水要素承担的功能逐渐弱化，山与水的生态及景观功能越来越受到重视。

新城规划建设多深入自然腹地，与山、水的关系较之原有旧城也更加密切，更成为很多新城建立城市景观特色的重要凭借，如南京滨江新城"背倚老山，南临长江"的景观格局的建立就是借用了传统的"背山面水"的建城理念。在此基础上，对山与水的生态及景观游憩功能的重视使得城市与山水、人与山水之间的联系将更加密切。

4.2.1.2　动植

"动植"是动物与植物的总称。动物、植物同人一样是自然界中共同的有机生命体，是自然生态体系中不可缺少的元素。如同人的生存与生活离不开自然与城市环境，动植物的生存与繁衍也离不开特定的生活环境，所以"动植"除了动植物本身也包括"动植物的生境"，主要包括山体林地、河湖湿地等。

新城建设选址区域受到的人为强行干预相对较少，原生的动植物及其栖息地环境构成了场地固有的生态属性。动植物的生境是动植物聚集并赖以生存的环境，与动植物本身密不可分，新城绿地作为保护机制的整合要求将区域内重要的动植物生境的保护纳入区域绿地体系之中，最大限度地降低城市建设对于原有生态环境的破坏，将自然生境与城市生境相结合，增加城市的生态稳定性及多样性，同时发挥动植物本身所固有的生态及科普功能。

4.2.1.3　田塘

所谓"田塘"主要是指农业耕作在土地和水域中所留下的人为的规则化肌理，如以北方为主的稻田耕作肌理和以南方为主的基塘耕作肌理等，具有明显的辨识性，同时也成为新城建设中面临最多的地域景观类型之一。新城建设需要大面积的建设用地，而其选址又多位于旧城之外的未开发区域，大规模的开发建设需要较为平坦且空旷的场地进行，而这些场地又大多被农业耕种所占据，所以城市扩张与农业的用地矛盾在新城建设中显得尤为激烈。

对田塘的认识可以分为两个部分：首先，田塘所代表的土地格局是经过人为长期改造的一种大地景观，虽然具有明显的人工性，但其形成过程却依然遵循了自然地形与法则；而田塘之中的农作物及水产虽然主要来自于人工化培育，但其仍然取自于自然，属于自然之中的动物与植物，所以田塘是一种人工化的对自然最低限度的改造和利用，是一种"第二自然"形态，同样归属于整体自然环境。其次，田塘的规则形态与布局及农业动植物本身除了方便生产与提供给养的功能外，同样具有景观美学功能，可以被看作是人工绿地的另一种形式，同时，农作物本身在涵养水土、净化空气、调节气候等方面的功能甚至要高于单纯的观赏性植物（陈高明，2013）。

基于对田塘的认识，在新城建设中首先要改变的是城乡二元模式中对于农业的固有观念和传统思维方式，要同时注重其生产及景观生态效应，在城市建设中尽量减少对田塘肌理的破坏。在此基础上，还应该试图将这种生产与景观生态效应与新城区域生态绿地建设的多样化相结合，在对农田进行保护的基础上，有限度地发展城市生态型农业，缓解城乡二元矛盾。

4.2.2 城市及城市要素的解构

城市是人类社会空间结构的一种基本形式，具有区别于乡村的若干基本特征：非农业人口集中，一定区域范围的中心（政治、经济、文化），以及多种建筑物组成的物质设施的综合体等（《辞海》，2010）。城市要素是城市形态和空间环境的现实构成元素，是确保城市能够正常运转的必要组成部分，主要是以人工的城市功能性设施为主。

与自然要素不同的是，城市的发展变化速度要远远超过自然本身的进化演变速度，所以城市要素的类型也在随着城市的发展而发生变化。从工业革命开始，早期以建筑为主要构成要素的城市开始向构成要素多样化、复杂化的城市转变：城市交通的发展导致了大量交通基础设施的出现，这些城市公路、快速路、立交桥、地铁线路等成了主要的城市构成要素之一；在此基础上各种市政基础设施，如给水排水、污水处理、电力电信等设施，同样也成了城市运行必不可少的构成要素之一（图4-2）。

电缆
电话线
蒸汽管
水管
天然气管

从图4-2中我们可以看出，城市要素按空间来划分可以分为地上与地下两个层次。对于新城来说，不管是地上的建筑、城市道路，还是地下的综合管廊、基础管线、地铁线路，都是新城最主要的城市构成要素。从城市与自然融合的角度来说，城市地下部分的城市要素与自然的关系并不具有代表性；但从绿地整合性的角度出发，绿地的建设在很多情况下会受到地下城市要素的影响或者与之发生关系，所以，本研究在新城绿地整合过程中所涉及的城市及城市要素主要是城市地上可见部分，如与城市居

图4-2 城市构成要素示意图

（图片来源：王一，《从城市要素到城市设计要素——探索一种基于系统整合的城市设计观》）

民日常生活关系密切的建筑及地上交通基础设施及其所组成的城市外部空间环境，同时也会涉及部分地下城市要素，如地下交通设施等。

4.3 绿地作为整合媒介的优势

整合对象确立的过程会引发我们思考这样一个问题：绿地究竟是算作一种自然要素还是算作一种城市要素？从绿地本身的主要构成元素上来看，土地及其之上的动植物都是自

然元素；而从用地分类上来看，绿地又属于城市建设用地中的一种，也可以看作是城市要素之一，也就是说绿地兼顾了城市与自然两种属性，而这也就成了将绿地作为城市与自然结合媒介的基本逻辑基础。在此基础上，绿地在尺度类型上的多样化，绿地的开放性、平面性和生长性也为绿地作为整合媒介提供了优势。

4.3.1　绿地尺度类型的多样化

城市与自然的融合是多种尺度下的融合，大到区域性城市与自然结构的融合，小到城市与自然单一要素之间的结合，而绿地尺度的兼容性为绿地扮演多尺度融合媒介提供了便利。

在绪论部分对绿地的定义中已经说明绿地涵盖范围的广阔性，从其自然属性来说，绿地可以包括区域整体的自然环境，这使得绿地能够在区域层面承担城市与自然融合媒介的作用；从规划尺度范围来说，城市绿地系统规划与城市总体规划可以形成空间分布与尺度上的对应关系，其他相关的专项规划（如林业规划、风景名胜体系规划、自然保护区规划等）在空间、内容上都有一定的局限性（徐波，赵锋，郭竹梅，2007）；从城市建设用地范围来说，绿地又可以分为公园绿地、防护绿地、广场用地、附属绿地，各大类中对于绿地尺度类型的划分更加详细，从大型的综合公园到小型沿街绿化，这些多样化的绿地类型使得通过绿地作为媒介的整合在场地尺度下的进行成为可能；在绿地尺度及类型丰富的基础上，绿地系统规划又将这些绿地类型相互连接，形成一个绿色的有机整体，这将使得城市与自然的结合更加紧密与合理。

4.3.2　绿地的开放性

从城市与自然的融合角度来说，融合即是打破城市与自然相互分离的"双极结构"（Bipolar），其基本方法应是在保护自然的基础上在城市与自然要素之间建立双重属性的缓冲型边界，或者是通过某种空间载体将城市与自然要素进行依托功能的相互渗透，所以城市与自然的融合在空间形态方面必须依托于能够包容多重属性的空间载体，而这样的一种空间载体在功能方面必须具有容纳多种功能可能性的开放属性。从另一个方面来说，生态、可持续、绿色等一系列发展理念的核心应是公平公正、以人为本，所以城市与自然融合的最终落脚点应是人与自然的融合，因此开放性也意味着人在参与使用中的多种可能性。绿地属于开放空间中的软质空间。开放空间（Open Space）一词最早诞生于英国，英国于 19 世纪末和 20 世纪初先后制定了两部关于开放空间的法律，分别为《大都市开放空间法》（Metropolitan Open Space Act）和《开放空间法》（Open Space Act），"开放空间"作为一个专有名词由此出现。在这两部法律中，开放空间被定义为：没有建筑物或者建筑物占地面积小于 1/20 的围合或者不围合场地，其用地功能可以是公园和休闲娱乐场所，也可以是暂时性的堆放废弃物的场所甚至是毫无使用功能（许浩，2003）。从这个最初的定义可以看出，开放空间这个名词出现伊始最突出的就是建筑外部空间，其范围包括自然属性的土地和非自然属性的城市广场、道路等。此后，开放空间一词成了世界很多国家对于类似场地或者空间的统称，如美国在 1961 年颁布的住房法案中将开放空间定义为：具有公园或者休闲娱乐、土地利用及其他自然资源保护、历史遗迹和自然风景等价值属性的位于城市区域内的所有未经开发的用地及空间（Tom Turner，1992）；而国内相关学者则更加清晰地指出：开放空间通常是指城市边界范围内进行城市开发建设之外的用地与空间，其主要组成部分是绿地系统，一般包括山、水、林、田、人工绿地等自然属性空间和城市铺装广场、硬质路面等非自然空间（王绍增，2001；余琪，1998）。从上述绿地与开放空间的定义来看，开放空间的涵盖范围要大于绿地，绿地作为软质开放空间的主体，其开放性特征明显。

4.3.3 绿地的平面性

城市与自然的融合包含了多样化的尺度，从区域的层面来看，自然与城市都呈现一种以水平延展为主的形态特点，所以两者的融合首先应该是一种平面空间形态上的结合。从城市层面来说，以往以建筑和基础设施主导的发展模式使得城市在三维空间中呈现一种拼接式图景，空间碎片化现象严重，这也同时加剧了城市与自然的割裂，以及与城市发生关系的自然部分碎片化现象。所以两者的融合必须要将这些自然与城市的碎片在水平表面内进行重新组织，而绿地恰恰提供了这样的平面化场地特征，正如库哈斯说的那样：城市秩序由植物组成的薄薄的水平平面所界定（查尔斯·瓦尔德海姆，2011）。从个体层面来说，绿地的平面性也使其更容易地与城市基础设施在平面与立面方向进行结合，甚至可以引发城市建筑从"纪念碑式"的竖向形态向与地面连接的平面延展型形态转变（图 4-3），这在一定程度上极大改变了原有城市空间存在形式，同时也极大改变了城市居民的生活方式。

图 4-3　绿地平面性与城市平面化的结合（Balmori "PAT" 城市项目方案）

（图片来源：C3 Landscape，《国际新锐景观事务所作品集 SLA》）

4.3.4　绿地的生长性

城市与自然都不是凝固的雕塑。对于城市来说，不管是整体的扩张还是局部的更新，它也是随着时间的推移而时时变化着，即城市也具有生长的特性，在这一点上城市也可以被看作是符合基本自然规律的一种人工存在。城市与自然的融合要求融合媒介能够随着时间的变化容纳自然与城市生长更新所产生的形态与功能变化，即需要场地"能够随时间而变化、转化、适应和延续"（查尔斯·瓦尔德海姆，2011），这也呼应了整合价值观中的过程性原理。从形态上来说，绿地可以为城市与自然元素随时间演进的灵活变化提供可能性空间，或者说两者可以在空间上相互转化；从功能上来说，绿地本身带有明显的自然属性并且可以承载自然生态功能，在此基础上与城市元素的结合将使得两者在功能性上产生 $1+1>2$ 的效益。

4.4　新城绿地整合的优势

4.4.1　城市与自然融合的建设理念

1898 年，埃比尼泽·霍华德（Ebenezer Howard）出版了代表作——《明日：一条通向真正改革的和平道路》，其中的"田园城市"理论及其后来的两座田园城市实践——莱奇沃思（Letchworth，1903）和韦恩（Welwyn Garden City，1920）被共同看作是新城建设的开端。世界范围内大规模的新城运动则开始于 1946 年英国《新城法》（New Town Act）的颁布及其后来的三代新城建设。这段时期正是西方大规模工业化城市弊端凸显与西方生态理论萌芽时期，城市与自然相融合的理念再次回归，田园城市及新城从出现伊始就对应了这样的一种诉求。

新城脱胎于霍华德的"田园城市"，新城建设的目的虽不像田园城市希望用小城市群来逐步取代大城市那样极端理想化，但也是要通过新的城市建设疏散原有大城市人口，改善城市居住环境，同时使新城居民能够享受自然田园风光，其初衷就蕴含了城市与自然的融合。

在霍华德的田园城市模型中，城市的外围保留了一圈"田园带"（Country Belt），即在新城中建立的"绿带"（Green Belt），而其主要特征就是自然田园风光。基于上述的要求，良好的自然环境，尤其是自然的山水地貌对于塑造这样一种城市与自然的融合就起到了促进作用。如英国的第一座新城斯蒂文乃奇（Stevenage，1946）就在其城市规划建设范围内保留了南北向的费尔兰德斯山谷（Fairlands Valley），并将其作为城市最主要的公园，而在当下，新城建设更是将能否处理好城市与自然的关系看作是新城建设是否成功的标准之一。

4.4.2　与自然关系密切的区位特点

在本研究中，新城主要包括了近郊新城与远郊卫星城两个主要类型。从近郊新城来说，虽然近郊新城与主城的关系较为密切，但建设区域原有的城市结构较少，其自然环境条件较为优良。而对于远郊新城来说，其在与主城关系上继承了"卫星城"的空间模式。1915 年美国的泰勒（Graham Romeyn Tarlor，1851—1938 年）首先提出在大城市郊区建立"卫星城"，以此来疏散大城市的人口压力（Richard Harris and Peter Larkam，1999），其后卫星城从最原始的郊区居住群逐渐向与主城保持一定空间距离且功能更为完善的新城转变。从 1945 年英国政府结合沙里宁的"有机疏散"理论推出大伦敦规划图中可以看出，规划建立的 8 座新城分布于距离伦敦中心 30～50km 的距离内，基本处于伦敦外围划定的自然绿带之中，且新城与主城之间也通过自然绿带进行分隔，这也体现了新城建设与自然区域之间密切的关系（图 4-4）。

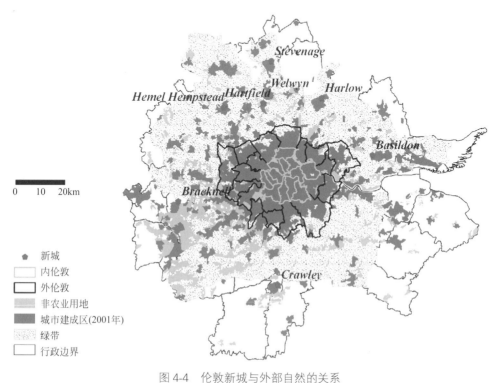

图 4-4　伦敦新城与外部自然的关系

（图片来源：GUY M. Robinson，《Urban spatial development and land use in Beijing：Implications from London′s experiences》）

而从新城本身来说，虽然新城选址建设大多在已有小型城镇、村镇及定居点的基础上，但从综合规模效应及经济因素考虑，新城的规划建设面积要远远大于原有基址上的建成面积，这就意味着与新城建设发生关系的自然区域面积广阔，新城建设过程中所涉及的自然景观类型丰富多样，这既要求新城的建设要更加注重处理与自然的关系，同时也为新城绿地整合效益的发挥提供了机会。

4.4.3　自上而下的规划建设模式

在规划建设层面，新城与主城或者说老城之间的最大区别在于新城的城市在建设之初经过了统一的规划，很多学者将这一点作为新城的定义要素之一。对于老城来说，城市形态结构已经稳定，即城市与自然的关系格局已定，而大多数老城也往往存在着城市与自然分离的现象，缺失了融合的先天条件，而既定的关系格局使得在后期处理中绿地整合性的发挥受到极大的制约，只能在局部或者小范围内进行有限改造，不能形成系统化的整合。相比之下，新城统一规划建设的特点则为城市与自然的融合在实践层面提供了全局的视野和实现的可能，新城规划之初即可以对场地上的自然地域要素进行评估，对有价值的自然资源进行有意识的避让和保护，为城市与自然的融合打下结构性基础，同时，新城自上而下的规划特点也为在城市内部引发城市与自然的融合提供了可能，使得新城绿地能够发挥在多层面、多尺度、多类型下的整合作用。

4.4.4 新城规划与建设尺度的适中性

新城规划与建设尺度的适中性是针对已有的大型城市结构与小型村镇结构来说的。对于大型的城市结构，如北京、上海等类似的城市，现有建成区域面积巨大，城市结构及功能十分复杂，在各个层面实现通过绿地整合形成城市与自然融合的难度较大，政策与实际操作的规划设计的控制力有限。而对于小型的村镇结构来说，小型的村镇结构由于尺度过小，并不能拥有相对完整的绿地结构，其与自然的关系矛盾也并不尖锐，也就无从谈起通过绿地的整合促进城市与自然的融合。

4.5 新城绿地整合性的理论借鉴

4.5.1 从"景观都市主义"看整合

"景观都市主义"（Landscape urbanism）一词诞生于1997年，由瓦尔德海姆在其组织的研讨会和展览中首次提出，用以表达以景观取代建筑作为城市形态及功能塑造的首要媒介，标志着一个新设计领域的诞生（刘东云，2012）。

从景观都市主义的英文词条"landscape urbanism"来看，景观都市主义可以被看作是"景观"与"都市主义"两词的结合，这两个词的涵盖范围十分广泛，这也导致了景观都市主义很难有一个明确的定义，其更多的是一种规划与设计的方法论，具体的设计方法和类型则根据各个专业不同的背景与情况而有所变化。如陈洁萍、葛明等认为景观都市主义的核心是对"景观"一词在当下语境中进行的重新解读，并将其与"都市"一词进行合并，两者的结合使得其本来的含义都发生了认识、功能和内容上的变化，这种变化导致的是一种新的实践模式的产生，其产生目的与实践结果是防止城市基质化（Matrix）现象的产生与蔓延（陈洁萍，2010）；杨锐将对景观都市主义的理解划分为六个层面，可以概括为：①景观优先性；②生态设计手段作为媒介；③风景园林领导地位的确立；④设计的过程性；⑤创造经济效益的景观；⑥景观代替建筑（杨锐，2011）。

景观都市主义对新城绿地整合的借鉴意义主要体现在：

4.5.1.1 风景园林主导地位的确立

景观都市主义的核心是将"景观"一词通过现代语境的转换建立新的意义，从而使其主导城市的建设与解决城市问题。很多学者更是提出将主导城市的传统要素"建筑"替换为"景观"，如库哈斯指出：建筑作为城市形态主导要素的时期已经逐渐远去，反而城市秩序应该慢慢开始由绿色植物所形成的水平向延展的空间所决定，这体现的就是一种景观的主导作用；普林斯顿大学建筑学院院长斯坦艾伦（Stan Allen）指出：景观正在逐渐成为当下城市建设的理论模型之一，其最大的优势是对于水平空间的组织能力，不同于传统的空间生成模式，景观模式下的空间塑造更注重各元素之间的联系与自身特征的表达，其生成的空间也更加具有激发城市活力的潜力；澳大利亚景观设计师理查德·韦尔（Richard Weller）进一步解释道："后现代的景观设计学，在对现代基础设施进行清理的基础上获得了新的繁荣，因为社会，至少是发达国家，已经完成从初级工业社会到后工业、信息社会的转变。在通常的景观实践中，设计常常不得不在基础设施项目的阴影下进行，基础设施在此被赋予了优先权，嵌入整个领域内。但是，正如每个景观设计师所知道的那样，景观本身是所有生态操作必须借助的媒介：它是未来的基础设施"（查尔斯·瓦尔德海姆，2011）。

对于景观的重新理解与定义使得以景观规划与设计为主要研究及实践领域之一的风景园林学在景观都市主义中占据了主导地位，正如国内学者杨锐所说："风景园林应该成为项目的组织者与领导者，重新整合与其他学科之间的关系"（杨锐，2011）。虽然当下城市建设中仍然在很大程度上体现着建筑与灰色基础设施的主导地位，但在景观都市主义的理论框架下，风景园林主导地位的确立为以"绿地"为媒介促进城市与自然融合提供了思想及理论借鉴，正如芝加哥景观设计师简·简森（Danish emigre Jens Jensen）所说："城市是为健康生活而建……不是为了盈利和投机，未来城市规划师关心的首要问题是将绿色空间作为城市综合体的重要组成部分"（查尔斯·瓦尔德海姆，2011）。在此基础上，"绿地、新城"与"景观、都市"的对应关系也使得新城绿地整合借鉴景观都市主义理论更具备了针对性。

4.5.1.2　景观都市主义对中间地带的重视

荷兰的根特城市研究小组曾对 20 世纪下半叶城市发展的深刻变化进行研究并将其特点总结为：高度变化的流动性；等级消失与无中心化；既分散又集中；间断不连续；混杂的功能分区和水平延伸（根特城市研究小组，2005），这些变化使得城市呈现一种基质模式（图 4-5）。如图 4-5 所示，古代城市具有明确的城市中心与外围控制性边界，概括为"煮蛋型城市"；17～19 世纪工业革命及新技术的发展导致了城市的无序蔓延，城市中心与边界范围大大扩展，概括为"煎蛋型城市"；而现代城市中原有的城市中心结构解体，呈现出无序与碎片化特征，概括为"炒蛋型城市"。这样基质模式的产生既是建筑与灰色基础设施主导城市的结果，同时也是城市过度蔓延的结果。城市的基质化使城市空间碎片化现象严重，碎片与碎片之间就产生了很多的中间地带，同时城市蔓延造成的城市空心化和后工业时代产生的"城市棕地"也是中间地带较有代表性的类型，而这些中间地带正是景观都市主义关注的主要领域之一。景观都市主义的主要支持者詹姆斯·康纳（James Conner）曾提出景观都市主义的操作工具"mapping"，他对其中场域的设计和建立就提出："……建立一个被尽可能设计为无等级的和具有包容性的中立场域来提供更广阔的操作条件。"（詹姆斯·康纳，2009）

图 4-5　塞德里克·普林斯的"三种蛋形城市图解"

（图片来源：查尔斯·瓦尔德海姆，《景观都市主义》）

景观都市主义对中间地带的关注是要发挥"胶水"的作用，通过对各种关系的控制和组织，粘结周围现状（Pablo Molestina，1998），这样的连接其实就是一种片段的重组，通过重组建立联系性，体现的就是一种整合思维。新城建设不同于老城，由于新理念、统一规划的保障和建设高密度等形式的运用，城市碎片化和基质化现象在一定程度上得到了控制，但新城建设却产生了很多城市与自然要素之间的中间地带，在新城绿地整合性中对于这些中间地带的关注对城市与自然的融合将起到至关重要的作用。

4.5.1.3　景观作为基础设施

景观作为基础设施包含了以下几个方面的含义：首先，在传统城市建设中的基础设施，如道路、建筑物、地下基础管网等是城市建设的基础，属于城市规划建设的顶端结构，基础设施的确定将影响整体城市结构与其他城市要素的布局与功能安排，而将景观也作为城市的基础设施，这就突出了景观在规划层面的参与，同时也突出了景观在城市建设中的地位，正如很多景观都市主义学者认为的那样"景观将作为基础设施（Landscape of infrastructure）成为城市规划领域的核心"（胡一可，2009）；其次，景观作为基础设施并不是用景观替代现有的基础设施，而是将基础设施看作是整体地表景观环境的一部分，将基础设施与自然环境、绿地空间等实体整合为一个景观综合体，这种景观的综合体将代替单一的基础设施单元履行其作为公共空间的职能，正是基于这一点，库哈斯把"城市"直接解读为"景观"（scape）（陈洁萍，2010），而瓦尔德海姆（Waldheim C）在对当斯维尔公园的规划分析中更是将这种由一系列功能设施组成的"公园"（Park）定义为"城市"（Waldheim C.，2001）（图4-6）；最后，景观都市主义主张景观基础设施全方位参与到城市生态过程中，城市的生长和转变的动力被解读为大尺度的生态组团、区域性的水域与复杂的生物网络间的相互作用；城市就是一个生态体系，而不应仅仅是一个边界明确的土地利用范围（朱捷，2010）。

图4-6　当斯维尔公园鸟瞰

（图片来源：http://www.thupdi.com/3620.html）

　　景观作为基础设施对新城绿地整合的借鉴意义在于：绿地整合效益的发挥不能仅仅局限于单一场地的设计，而是应该从宏观层面入手探讨城市与自然的融合途径；绿地整合效益的发挥不单单需要保护与利用自然环境，还要试图将城市行为通过绿地的引导与自然之间建立联系；整体绿地空间环境应该在城市中发挥更大的生态作用，绿地空间体系本身将成为城市的绿色基础设施。

4.5.2　从"绿色基础设施"看整合

　　"绿色基础设施"概念（GI）产生于 20 世纪 90 年代的美国，其后在西方国家得到长足发展。绿色基础设施可以被看作是对人与自然关系研究历史的当代化表达之一，其主要包括了两个不同的层面，一是为满足人的使用而建立的公园和绿地体系；二是为保障动植物生物多样性和栖息地完整性的保护型自然生态网络（Benedict M，2000）。绿色基础设施既是一种发展战略，也是一种规划设计原则与手法，其不仅在理论层面为新城绿地整合性的研究提供了依据，更在具体的结构及工程技术手段方面为新城绿地整合形态的构建提供了参考与借鉴。

4.5.2.1　多功能的整合性与相互影响

　　1999 年，致力于研究绿色基础设施的专门性机构"GI 工作小组"（Green Infrastructure Work Group）在美国成立，该组织隶属于美国保护基金会（Conservation Fund）和农业部森林管理局（USDA Forest Service）两个部门。GI 工作小组在世界范围内率先对绿色基础设施这一名词进行了定义，将绿色基础设施看作是国家的自然生命支持系统（Nation's natural life support system），是一个包括了水体廊道、湿地、森林、野生动物栖息地和其他自然区域，绿道、公园和其他保护区域，农场、牧场和森林，荒野和其他维持原生物种、自然生态过程和保护空气和水资源以及提高美国社区和人民生活质量的荒野和开敞空间所组成的相互连接的网络（吴伟，2009）。美国学者本尼迪（Benedict M，McMahon E.）将绿色基础设施进一步定义为：由自然区域和开放空间组成的能够相互连接的网络体系以及附带的工程设施，这一网络体系以体现自然生态体的功能和价值为主，为人类和野生动物提供自然属性的场所，如栖息地环境、洁净的水源地、线形的迁徙通道等，这一网络体系构成了能够保证自然环境、社会与经济可持续性发展的生态框架（Benedict M，2006）。

　　从上述概念中可以看出，绿色基础设施主要包括了系统网络化的绿地空间和相应的工程技术手段，既具有宏观性规划也具有微观性设计，既包括了具体的形态，又包含了人工及自然化的行为方式的引用。绿色基础设施理念不同于传统的城市灰色基础设施建设与纯粹的自然资源保护，而是通过绿地空间的媒介作用，寻求在城市建设中两者的结合，从而改变城市的形态结构与人们的生活方式，英国西北绿色基础设施小组（The North West Green Infrastructure Think-Tank）将其总结为"多功能的整合性与相互影响"，并将其作为绿色基础设施的特征之一（吴伟，2009）。这为通过新城绿地的整合作用完成城市与自然多方位的融合提供了依据。

4.5.2.2　由区域到场地的绿地结构

美国遗产保护协会编制的《与绿色基础设施一起成长》（Growing with Green Infrastructure）将绿色基础设施的结构分为"枢纽"（Hubs）和"连接"（Links）两个大的类型，并对其进行了相应类型的细分（表4-1）。

绿色基础设施的类型划分

表4-1

一级结构	含义	二级结构	含义	三级结构
枢纽（Hubs）	各种自然过程集中发生的场所和野生物种的原始栖息地及迁徙目的地	保护地（Reserves）	具有重要意义的自然生态保护地区	野生动物保护区
		受到人为管控的自然景观（Managed Native Landscapes）	通过管理来实现资源开采价值以及自然和娱乐价值	大型国有土地，如国家森林
		农地（Working Lands）		耕地、森林和牧场
		公园及开放空间区域（Parks and Open Space Areas）	可以保护自然资源或提供休闲活动的景观区域	公园、自然区、游乐场以及高尔夫球场等
		再生型的土地（Recycled Lands）	对以前由于高强度的使用而遭受破坏的自然资源和环境进行恢复或再生的一类土地	矿区、垃圾填埋场
连接（Links）	各枢纽之间的联系通道，具有促进自然生态过程流动性的特点	保护型廊道（Conservation Corridors）	主要作为野生动物的生物通道以及提供休闲功能的线性区域	河流、溪流廊道
		绿带（Greenbelts）	通过分离相邻的土地用途以及缓冲这些用途的影响，保护自然景观，同时也维护本地的生态系统以及农场或牧场的土地类型	农田保护区
		景观连接体（Landscape Linkages）	连接野生动植物保护区、公园、农地以及为本地的动植物提供成长和发展空间的开放空间	

（资料来源：张晋石，《绿色基础设施——城市空间与环境问题的系统化解决途径》）

上述绿色基础设施的结构分类为新城绿地整合的建立提供了参考依据，在具体实践方面，美国马里兰州的绿色基础设施建设、西雅图2100开放空间规划等都是较为成功的案例（图4-7）。从空间尺度来看，新城规划范围中的自然及绿地空间并不一定能完整涵盖与容纳上述绿色基础设施的结构分类，但新城规划范围内的自然与绿地空间应该属于更大范围的自然与绿地空间的一部分，换句话说，新城的整体绿地空间规划与设计应该跳出城市建设红线的范围，而对于新城内部绿地空间类型来说，内与外及自身的连接与系统化应该成为主要结构类型。

在枢纽和连接两个类型基础上，相关学者又进一步提出了绿色基础设施网络的三类区域：核心区、连接区和小型场地，其中核心区与连接区即类似于枢纽与连接的概念，而小型场地则是指"兼具小生境和游憩功能的场所"（李开然，2009），这一点对于绿色基础设施内容的延伸、对新城绿地具有很大的借鉴意义。由于新城的高开发强度及高密度，对绿地大面积、中心化的过度关注会导致空间使用率的降低及可达性障碍，导致局部的绿地过

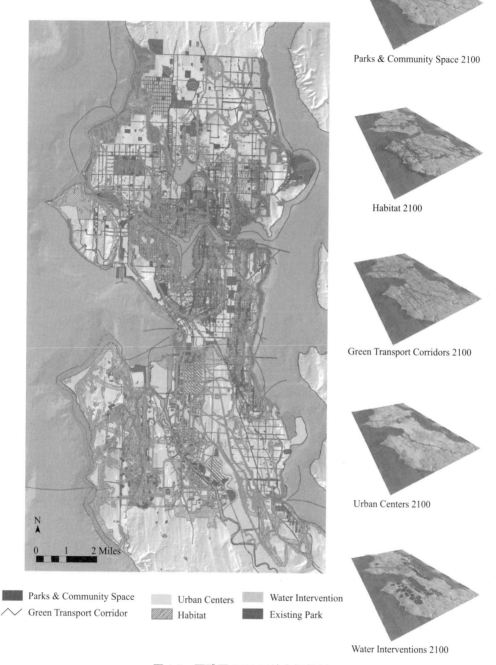

2100 GREEN INFRASTRUCTURE COMPOSITE

Parks & Community Space 2100

Habitat 2100

Green Transport Corridors 2100

Urban Centers 2100

N
0　1　2 Miles

■ Parks & Community Space　　□ Urban Centers　　□ Water Intervention
〈〉 Green Transport Corridor　　▨ Habitat　　■ Existing Park

Water Interventions 2100

图 4-7　西雅图 2100 开放空间规划
(图片来源：http://www.asla.org/awards/2007/07winners/439_gftuw.html)

剩与绿地缺失，所以作为"小型场地"的绿地结构也应该成为新城绿地整合的形态类型
之一。

4.5.3　从"新城市主义"看整合

"二战"之后以美国为首的西方国家几乎都经历了以郊区蔓延为主要方式的城市发展阶段，这种依托于私人汽车的无限制的城市蔓延式发展导致了对生态环境的严重破坏，在增加城市发展成本的同时也造成了很严重的内城空心化现象（图4-8）。正是在对这种情况的反思下，美国于20世纪90年代率先掀起了新城市主义运动。新城市主义运动并不是什么独创性的理论，相反其更多的是一种对于传统城市价值理念的回归，其反对的是现代主义对于单体建筑的过分重视从而导致传统的以街道为城市生活主要发生场所的城市氛围的消失，正如雅各布斯所说："街道和街道旁的人行道是城市中关键的部分……如果街道生动城市就会生动；街道无趣城市也会无趣"（雅各布斯，2006）。1996年，第四次新城市主义大会在美国召开并颁布了《新城市主义宪章》（Charter of the New Urbanism），其中制定了分别针对区域、邻里、街区三个不同尺度类型的27条建设原则。

图4-8　美国的城市郊区化

（图片来源：单皓，《美国新城市主义》）

1.区域层面：大都市区、城市和城镇

（1）大都市区要根据区域自然地理要素划定其地理边界、其各个组成部分，如城市、城镇、乡村等，都需要各自可识别的中心及边缘。

（2）都市区模式已经成为当下世界的基本经济单元，政府合作、公共政策、物理规划和经济战略必须反映这一新的现实。

（3）都市地区与其外围的农业腹地和自然景观紧密相关但关系又十分脆弱，牵扯到环境、经济和文化多个层面。农田和自然对于都市的作用与花园对于建筑的作用同等重要。

（4）都市地区应该建立明确的发展边界，多采用内填式的发展模式以节约环境、经济和社会成本。

（5）在进行新城市建设时，沿原有城市边界的建设应该采取社区和地区的组织建设方式，注重其与原有城市结构的整合；与原有城市边界相分离的建设应该采取具有自身独立边界的、工作与居住相平衡的城镇或村镇建设方式，而不是郊区卧城。

　　（6）城镇和城市的新建与更新应该尊重传统的建设形式、先例和边界。

　　（7）城市和城镇应该提供更广泛的公共与私人服务来支持地区经济并惠及全民。保障性住房应该合理分配，使得在任何地方工作的人都能够拥有居住的保障，避免贫富的分化。

　　（8）鼓励多样化交通方式的建立，在区域层面大力推广公共交通、人行交通和自行车交通系统，减少私人汽车出行。

　　（9）鼓励收入与资源的公平分配，以此促进交通、娱乐、公共服务、住房和社区机构协调的合理性。

　　2.邻里、（功能）地区和廊道

　　（10）邻里、（功能）地区和廊道是都市发展或更新的最基本组成单元，其可识别性的特征能够鼓励居民参与到这些基本单元的维持与演进中去。

　　（11）邻里强调紧凑原则、步行友好和功能混合，（功能）地区强调功能的单一性，是邻里功能混合的组成部分，廊道在两者之间起到连接的作用，范围从林荫大道和铁路到河流和公园道。

　　（12）与居民日常活动和生活相关的设施应该以步行距离范围进行设置，街道网络的设计应该鼓励步行出行，减少汽车出行数量。

　　（13）在邻里单元中，不同类型及价位的住宅能够吸引不同年龄、不同种族和不同收入的人群，从而使得邻里的居住构成更加多样化，增进不同人群之间的交流。

　　（14）鼓励经过合理规划和协调的交通廊道的建立，以此来帮助组织都市结构、复兴城市中心。

　　（15）在围绕交通站点的步行可达范围内合理进行建筑布局与土地利用，鼓励公共交通的发展。

　　（16）居民、机构和商业活动等都应该以邻里为单元进行布置，学校的大小和位置以是否适宜孩子步行或自行车出行为标准。

　　（17）作为应对变化的可预见性指导原则，图解城市设计准则的应用可以帮助邻里、（功能）地区和廊道的健康和谐发展。

　　（18）邻里单元之中应该设置多种多样的小型公园与花园，而大型的保护区和开放地带则应该作为各邻里单元和地区之间的限定和连接。

　　3.街区、街道和建筑

　　（19）城市建筑和景观设计的主要任务是对街道、公共空间等共享型城市空间的重新界定。

　　（20）单个建筑项目的风格应该与其所处环境进行很好地融合。

　　（21）在街道和建筑设计中应该保证环境的安全性，同时注重可达性与开放性。

　　（22）都市的发展在强调汽车出行方式重要性的同时也要注重人行交通和公共空间的塑造。

　　（23）街道、广场应该是安全、舒适和吸引行人的，好的设计能够鼓励人们步行出行并增进人们的交流。

　　（24）建筑与景观设计应该与当地气候、地形地貌、历史和建设实践相适应。

　　（25）公共建筑和公共聚会场所应该更多地反应使用团体的识别性和民主性。

（26）建筑的设计应该更加提倡节能环保。

（27）注重历史建筑、历史街区和历史景观的保护和更新利用。❶

新城市主义对新城绿地整合的借鉴意义主要体现在：

4.5.3.1 新城市主义在新城建设中的广泛应用

新城市主义是针对新时期城市建设的实践型理论，其强调的确立城市的增长边界、紧凑发展、公共交通出行、土地功能混合等不同尺度层面的原则对于新城的建设具有很强的指导意义。如其强调的城市增长边界在一定程度上可以防止新城发展过程中与老城连接成片；紧凑发展模式更是新城建设中防止城市建设蔓延、大面积侵占自然的主要措施；而公共交通出行不但有助于缓解新城内部私人汽车交通的问题，同时也为依托于城际铁路、地铁等公共交通工具而建立的远郊新城的建设提供了借鉴。所以自其诞生之日起，世界范围内的很多国家的新城建设都受到了新城市主义的影响。据相关学者统计，截止到 2002 年，美国已有超过 300 个新城镇、村庄和社区应用新城市主义的原则进行了规划和建设（罗仁朝，2003），而以新城市主义中最具代表性的 TND 和 TOD 模式为主要特征的新城更是层出不穷，如瑞典斯德哥尔摩战后新城、日本的多摩新城等。在我国，TOD 模式也在北京、上海、天津等地的新城建设中出现并获得应用，如北京的亦庄新城、天津的中新生态城、唐山的曹妃甸生态城等。

新城绿地整合性的发挥不能仅仅依靠对于城市绿地这一单一要素的认识，还应该对新城城市建设相关的情况具有一定了解，加之新城市主义在当下新城建设中的应用，所以对新城市主义理论的借鉴将有助于我们对当下新城城市建设的情况有一个更全面和深入的认识。

4.5.3.2 TND 与 TOD 模式对绿地形态的影响

在新城市主义理论中最具代表性的是安杜勒斯·杜安尼（Andres Duany）和伊丽莎白·普拉特-兹伊贝克（Elizabeth Plater-Zyberk）夫妇提出的"传统邻里发展模式"（Traditional Neigh borhood Development，TND）及彼得·卡尔索普（Peter Calthorpe）提出的"公交主导发展模式"（Transit-Oriented Development，TOD）。TND 与 TOD 两种模式在本质上并没有太大区别，TND 模式可以被看作是佩里"邻里单元"模式的回归，更加针对城市内部社区层面；TOD 模式则可以被看作是对 A·索里亚·伊·马塔的"带状城市"理论中机动车交通主导模式的转换，强调的是公共交通引导城市发展，更加针对整个城市层面。在新城市主义的规划实践中，两者是嵌套在一起运作的，其共同之处则体现出了新城市主义规划设计的最基本特点：紧凑、适宜步行、功能复合、可支付性以及珍视环境（王慧，2002）。

正如上文中所说的那样，新城绿地的整合不仅仅涉及城市绿地本身，换句话说，城市绿地与其他城市要素之间是相互影响的，而且绿地形态及功能的改变很大程度上受到同时期的城市建设理论的影响，这在新城历史回顾的章节中就可以看出。所以新城市主义在新城建设中的应用也必然导致新城绿地的变化，认识这种变化，同时将其与整合效益的发挥进行结合就显得十分必要。首先就 TND 模式来说，其强调的邻里单元模式的回归也使得

---

❶ 资料来源：译自 www.cnu.org

绿地分散化模式在今天的新城建设中得以回归；其次 TOD 模式下的公共交通导向的城市发展模式也使得绿地与城市交通的结合更加便利与合理，这就使得道路沿线的绿地空间能够发挥比以往更加重要的作用。需要指出的是，新城市主义对公共交通的重视并不是要完全摒弃传统的私人汽车出行，而只是提供一种更加合理的混合式的交通模式。

虽然当下新城建设，尤其是国内新城建设，很难涉及或者满足新城市主义中 TND 和 TOD 模式的所有应用，但其对新城绿地建设的影响可以在实践中看到端倪，对新城市主义理论的借鉴有助于我们从城市规划与设计层面对新城绿地有更深刻的认识，也使得对于新城绿地整合中绿地形态的应用具有城市理论的基础。

5 新城绿地整合体系的构建

整合理念下的新城绿地建设涉及城市绿地在认知、尺度、功能等多方面的模式转变：首先，新城绿地应该充当城市与自然融合的主要媒介而不仅仅是城市美化的工具；其次，新城绿地应在区域及场地多尺度下体现城市与自然、人与自然的融合；再次，新城绿地的功能要从传统城市绿地的"美化＋防护"向"生态保护""边界融合"和"连接机制"等多层次融合功能转变。

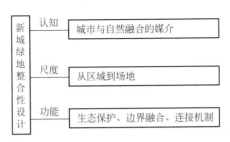

图 5-1　整合理念下新城绿地设计模式

5.1　绿地作为区域生态保护的整合

5.1.1　建立区域生态绿地保护体系的意义

5.1.1.1　城市外部环境的保护与引导

在以往的城市建设中，城市建设区域之外的用地由于土地归属及用地性质的复杂往往得不到很好的监管与保护，而这些区域往往具有优质的自然景观资源，对城市特色的塑造和生态安全具有重要的意义。区域生态绿地保护体系的建设是对城市外围的自然属性用地按照规划要求进行保护和引导的措施。对于新城来说，不管是近郊新城还是远郊的卫星城，很多新城在规划之初就将城市建设用地之外与城市关系密切的自然地区划入新城规划范围之内。由于新城尺度上要远远小于主城，所以在通过建立区域生态绿地保护体系对外部自然环境的保护与引导上将具有更大的可操作性和灵活性。

5.1.1.2　对新城增长边界的有效控制

区域生态绿地保护体系的建立一方面保护了城市建设区域外部的自然环境，另一方面也对城市的增长边界进行了确定与限制。在对新城历史的梳理中已经提到，绿带政策之所以能够成为在世界范围内被广泛应用的一项规划手段，其最主要的原因就在于其保护与限制双重作用的发挥。20 世纪 90 年代末兴起的"精明增长"理念，在空间形态上通过城市精明增长边界的划定鼓励城市紧凑发展与土地混合利用，同样起到了减少城市蔓延对边界之外的农田、河谷、流域和林地等的侵蚀作用（Houck，Mike，2002）。对于近郊新城来说，区域生态绿地保护体系的建立能够在一定程度上防止新城与主城的连片发展；对于远郊新城来说，由于其受主城的限制较少且周边用地较为充足，所以也具有一定的城市蔓延风险，区域生态绿地保护体系的建立也可以对此进行一定的限制。需要指出的是，本研究中区域生态绿地保护体系的建立与早期的绿带政策及精明增长理念不同，并不只局限于城市规划边界的外部自然区域的保护，还强调规划边界内部自然资源的保护，从而形成内外两层边界，将建设区与保护区更加精细化的区分。

5.1.1.3 绿地系统生态完整性的体现

传统的城市绿地系统规划由于规划重点只局限于城市建成区内部，这就导致城市绿地的主要功能往往局限于城市内部环境的改善、城市用地之间的隔离和提供模拟自然环境的审美功能等，绿地生态效益的发挥有限。当下的新城建设越来越多地将生态因素作为城市建设的重要考虑因素之一，绿地作为保护机制的整合是对整体城市规划区域有价值的自然要素进行保留，并纳入区域生态绿地体系的保护范围之中，这种从区域生态角度的绿地系统建设将突出与完善城市绿地系统自身的生态完整性，并对城市的生态环境起到极为重要的作用。

5.1.1.4 城市与自然融合的结构基础

在新城整合优势部分已经提到，新城建设由于深入自然腹地，所以城市与自然的关系更加密切，这就导致城市与自然融合的必要性及可行性远远大于已有城市。城市与自然融合的基础是城市格局在宏观层面上与自然环境的结合，将自然资源看作是城市发展过程中的自然基础设施（Nature as infrastructure），区域生态绿地保护体系的建设正是在绿地层面对这样一种格局的形成起到保护与促进作用。区域生态绿地保护体系对区域性的城市与自然的整合是一种城市与自然整体关系结构上的整合，对城市与自然整体关系格局具有重要的意义，是所有整合的基础。

5.1.2 区域生态绿地的范畴

从主城与新城用地关系来看，本研究中新城的规划范围和建设用地大多都是主城市域范围内的E类用地，包括了水域、耕地、园地、林地、牧草地、村镇建设用地、弃置地、露天矿用地等，这就构成了新城区域生态绿地的自然和人文基底；从独立的新城个体来看，新城的区域生态绿地范围可以被概括为在整体城市E类用地基础上的新城建设区域与新城规划区域之间的领域；从绿地类型来看，区域生态绿地接近《城市绿地分类》中定义的"区域绿地"，包括了风景游憩绿地（风景名胜区、森林公园、湿地公园、郊野公园、其他风景游憩绿地）、生态保育绿地、区域设施防护绿地、生产绿地等（图5-2、图5-3）。

5.1.3 当下城市区域生态绿地保护体系构建所面临的问题

5.1.3.1 精细化规划缺失，规划缺乏控制性

城市绿地系统规划作为城市总体规划的专项规划，虽然在总体概念规划层面对城市建设具有较强的指导性，但对城市控制性详细规划与修建性详细规划的影响力较弱，究其原因，一是城市绿地系统规划在整体城市规划专项中主导性较弱；二是因为其本身即缺乏控

制性详细规划、修建性详细规划等下层规划落实其相关内容，这使得区域性生态绿地保护体系的构建缺乏科学性与落地性。

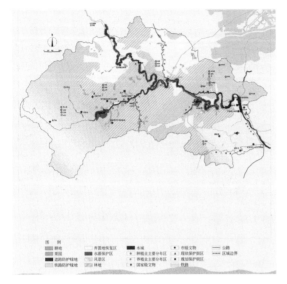

图5-2　北京门头沟新城的　　　　　　图5-3　北京门头沟门城新城的
　　　市域绿地规划　　　　　　　　　　　　 "其他绿地" 范围
（图片来源：北京北林地景园林规划设计院有限责任公司提供）

5.1.3.2　管理部门较为混乱

现阶段城市绿地的管理部门较多，主要包括：规划、水务、城管、环保、土地、农林和交通等行政主管部门，各部门多针对所辖的绿地空间进行各自的管理规划，部门之间各自为政，这不仅导致区域性城市绿地空间的碎片化，从而降低整体性生态效益的发挥。同时也使得城市绿地建设项目在审批和管理层面出现职责不清等问题，给区域生态绿地的保护与管理带来一定难度。

5.1.3.3　经济利益与生态效益的矛盾

新城的建设在很大程度上强调土地开发的效益最大化，城市绿地系统，尤其是区域生态绿地系统，作为城市整体公共空间结构与生态资源分布的主体，无法直接通过短期经济效益进行衡量，这就产生了市场开发与生态保护、公共使用之间的矛盾，这一矛盾往往使原有的生态林地、农田等区域生态绿地结构在城市开发建设过程中出现被逐步侵占的现象，而这也与管理部门混乱、规划缺乏控制性等具有很强的关联性。

5.1.4　新城区域生态绿地体系构建的方法

5.1.4.1　适宜性评价方法的引入

在对新城及其绿地历史的梳理中曾经提到，新城发展的早期，绿带政策作为一项保护城市外围乡村自然环境和限制城市发展的规划手段起到了重要作用，尤其是其将城市建设区外部自然划入城市规划范围之中的做法可以被看作是区域生态绿地在当时的一种规划雏形。但随着绿带政策的推广与应用，其边界划定的方法与依据却越来越受到人们的质疑，尤其是在像国内这样新城规划尺度较大、地形地貌十分复杂的地域，规划边界的划定需要考虑的因素众多，所以就必须引入一种较为科学的评价与空间范围划定的方法。在城市建设之初对区域自然环境进行适宜性评估的方法最早来自于麦克哈格的空间适应性评价方法的应用。麦克哈格通过引入生态学评价的方法，通过人为定性的数据收集，对土地是否适应某项建设的情况进行综合评价。如在纽约里士满区林园大道选线方案中，麦克哈格确定了三类评价因子：第一类为坡度、岩基地质、土壤条件等工程技术因素；第二类是危及生命财产的因素，如飓风引起的洪水泛滥地区；第三类是水、森林、野生动植物、风景、游憩、居住、公共事业机构、土地等价值因素。在此基础上将每一个因素都评为三个等级，通过千层饼叠加的方式得出影响公路选线的自然地理因素总和，颜色越深则代表建设费用越大，颜色越浅则代表建设费用越小，最终确定损失最小的道路选线（图 5-4）。其后，在沃辛顿河谷地区研究和纽约斯塔滕岛环境评价研究中，麦克哈格继续沿用这样的方法，在城市区域规划层面对城市的选址建设作出指导，对哪些土地适合保护、哪些土地适合用于商

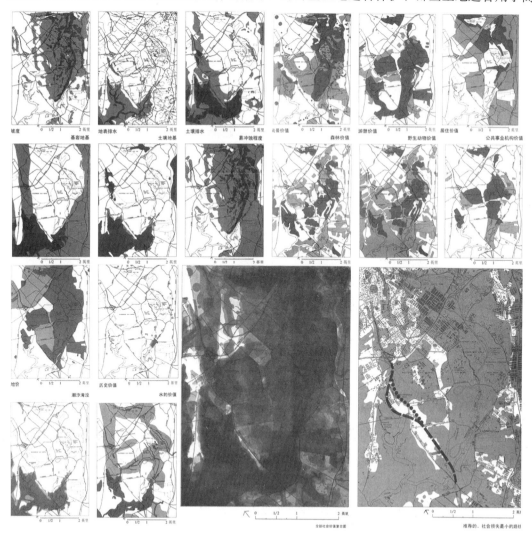

图 5-4　纽约里士满林园大道选线 "千层饼" 图

（图片来源：［美］伊恩·麦克哈格，《设计结介自然》）

业和工业、哪些土地适合旅游开发、哪些土地适合居住作出分析（伊恩·麦克哈格，2005）。

　　在当下，虽然麦克哈格的千层饼方法已经越来越多地被更加便捷与精细的计算机辅助软件所替代，但在原理上仍然是通过评价因子的设定及基础数据的收集来完成这样一种评价过程，如地理信息系统（GIS）的技术和应用就是以他的地图叠加理念为知识框架建立起来的（杨锐，2011）。在新城建设中，这样的方法也被越来越多地应用于城市建设之初对于区域环境及建设可行性的评估中。区域自然环境的评估是区域生态保护及区域生态绿地建设的基础，具有十分重要的指导意义。对城市山水格局、动植物自然生境及基本农田完整性地保留需要摒弃以往的一切为城市发展让路的错误模式，需要从宏观上对区域环境进行评估，而新城"自上而下"的规划建设特点及科学评估方法的使用使得在前期对自然景观进行评估并确定价值分类提供了可能。

　　总体来说，适应性评价多采用构建数学模型的方法。首先是对评价单元的确定，其次依托于评价目标构建评价的指标体系，最终根据指标体系与模型的构建得到城市建设用地适宜性综合用地评价图。

　　适应性评价中应用的基本数学模型可被概括为以下公式：

$$S(j) = \sum_{j=1}^{n} F_{ji} W_i$$

式中：$S(j)$ 为第 j 个评价单元的总分值；W_i 为第 i 个参评因子权重系数；F_{ji} 为第 j 个评价单元的第 i 个参评因子的作用分值；n 为指标总个数（李婷，2002）。

　　评价单元是指适应性分析所针对区域的最小空间单元，其确定方法主要包括两种：一是根据前期收集的土地利用现状图、自然景观资源分布图、土壤类型图等基础图纸资料进行相同用地属性的区域划定；二是将分析区域进行网格化划分，在此基础上进行基于格栅图层的逐点运算，后者为当下适应性评价单元确定的常用方式。在指标体系建立方面同样分为两个部分，一是确定适宜性评价的指标因子，二是对指标因子进行权重及作用分值确定。在适应性评价因子的确定方面，因子的种类多根据不同项目类型中评价的针对点进行选取与分类。对于新城生态绿地体系的建立来说，适宜性评价因子应多针对自然地貌特征、资源条件与设施及土地利用情况进行选取，如高程、坡度、坡向、土壤条件、水文条件、植被覆盖类型、生物丰富度、耕地垦殖程度、地质灾害类型、农村居民点、现状及规划交通设施等。在此基础上还可以建立基于上述基础因子的功能性评价体系框架，如生态敏感性、开发潜力、景观连通度、景观多样性等，从而形成基于不同地域环境的新城区域生态绿地系统评价体系。在评价因子权重及作用分值确定层面，应根据评价因子在保护、修复、改造、开发及城市建设适宜性等方面进行精细化计算分析。权重针对因子，包括弹性因子与刚性因子两类，一般为0~1，子集权重相加之和为父集权重，刚性因子则直接通过0或1体现其"否决权"。

　　适应性评价方法的引入不仅能够对区域生态绿地结构进行更加深入的精细化规划，同时还能在此过程中建立动态量化的基础数据库，为后期的数量与质量的控制管理及改造提供依据。以湖北武汉阳逻新城为例，新城在规划建设之初就运用GIS技术对建设区域进行生态敏感性分析和建设用地适应性分析，在综合生态敏感性分析和建设用地适应性分析的基础上，进行空间管制规划，将规划区分为五类：优先开发区、城市建成区、禁止开发区、限制开发区和适宜开发区。其中，"禁止开发区"指禁止一切开发建设行为的地区，包括长江堤外江滩（受洪水威胁）、主要水体（七大湖泊和河流）及其保护区（水体外围

150m 以内)、主要山体(坡度超过 25％并且高程大于 50m)、较大规模的林地(大于 50hm²)。"限制开发区"指建设行为受到一定限制,在一定条件下可以开发建设的地区。限制开发区包括农田中的菜地和园地、坡度较大区域(坡度大于 25％但高程小于 50m)、高程较高的区域(大于 50m 但坡度小于 25％)、低洼地区(高程小于 20m)、现状和规划交通走廊一定距离范围(王国恩等,2012)(表 5-1、表 5-2,图 5-5、图 5-6)。

湖北武汉阳逻新城生态敏感度分析　　　　表 5-1

评价类别	因子	敏感程度	判别标准
生态系统功能	水体(宽度)	高敏感度	＜50m
		较高敏感度	50～150m
		中低敏感度	150～400m
		不敏感	＞400m
	林地(宽度)	高敏感度	＜50m
		较高敏感度	50～100m
		中低敏感度	100～300m
		不敏感	＞300m
	林地斑块大小	高敏感度	＞100hm²
		较高敏感度	10～100hm²
		中低敏感度	＜10hm²
自然生态环境条件	坡度	较高敏感度	＞25％
	高程	较高敏感度	＞50m
	洪水	高敏感度	堤岸以内江滩
人文生态环境影响	土地利用	高敏感度	林地
		较高敏感度	园地
		中敏感度	耕地(包括菜地)
		中低敏感度	农村居民点
		不敏感	城市建成区

(资料来源:王国恩,周恒,黄经南,《基于 GIS 的城市"四区"划定研究——以阳逻新城为例》)

湖北武汉阳逻新城建设用地适宜度分析　　　　表 5-2

评价类别	因子	适宜程度	判别标准
自然条件	坡度	不适宜	＞25％
		中等适宜	15％～25％
		比较适宜	8％～15％
		非常适宜	＜8％
	高程	不适宜	＞50m
		中等适宜	＜20m
		比较适宜	20～29.73m
		非常适宜	29.73～50m

续表

评价类别	因子	适宜程度	判别标准
人文条件	长江岸线	不适宜	>2000m
		中等适宜	1000～2000m
		比较适宜	500～1000m
		非常适宜	<500m
人文条件	高速道路	不适宜	>2000m
		中等适宜	1000～2000m
		比较适宜	500～1000m
		非常适宜	<500m
	铁路	不适宜	>2000m
		中等适宜	1000～2000m
		比较适宜	500～1000m
		非常适宜	<500m
	规划轻轨	不适宜	>1000m
		中等适宜	500～1000m
		比较适宜	300～500m
		非常适宜	<300m
	城市建成区	不适宜	>1000m
		中等适宜	500～1000m
		比较适宜	300～500m
		非常适宜	<300m

（资料来源：王国恩，周恒，黄经南，《基于GIS的城市"四区"划定研究——以阳逻新城为例》）

图5-5 武汉阳逻新城建设用地适宜性分析图　　图5-6 武汉阳逻新城空间管制分析图

（图片来源：王国恩，周恒，黄经南，《基于GIS的城市"四区"划定研究——以阳逻新城为例》）

南京滨江新城在现有山水自然格局的基础上采用方格网及单因子评价法建立整体性的

城市用地空间适宜性评价体系框架,包括生态子系统、社会子系统和经济子系统三个子系统层。其中生态子系统以生态环境优先为主要原则,以用地的生态条件和景观环境为评价出发点,重点考虑用地生态敏感性、景观环境特色、工程地质和地貌地形条件等对开发强度的限制。指标层包括地形地貌、工程地质、水文条件、景观生态 4 个方面,在各指标层基础上确立共 11 个评价因子,评价数值大小表示单元内建设用地适宜性的高低(表 5-3)。评价结果表明:生态保护价值最高和较高的用地主要分布于老山山脉的佛手湖、珍珠泉地区,面积为 10.2km²,约占总面积的 19.6%;有一定生态保护价值的用地主要分布于老山、石佛寺农场、沿江、沿河地区,面积为 22.3km²,约占总面积的 42.6%;定向河东侧、七里河西侧的地区由于绿化覆盖率较低、景观较差,生态保护价值较低,面积为 15.3km²,约占总面积的 28.7%;而七里河西侧、浦珠路以南工业园地区由于绿化率低、景观较差,并处于城市主导风向下风位,建设开发对生态环境影响微小,面积为 5.2km²,约占总面积的 9.7%。通过生态保护用地适宜性评价,突出了对老山、佛手湖等山水景观资源丰富、生态环境地区进行生态保护的重要性,对山体、水系和绿化影响较弱的地区,则保留了充足的建设空间(杨俊宴等,2012)。

南京滨江新城生态保护用地适宜性评价体系 表 5-3

目标层	子系统层	指标层	因子层
城市用地适宜性评价	生态子系统	地形地貌	高程
			坡度
			坡向
		工程地质	地基承载力
			地下水埋深
			土壤液化
		水文条件	洪水影响程度
			岸线资源
		景观生态	绿化状况
			环境景观优劣
			生态敏感性

(资料来源:杨俊宴,史宜,孙欣,《山水环境下的新城空间分区适宜性评价——南京滨江新城的探索》)

5.1.4.2 控制性绿地结构的建立

控制性绿地结构英译为 "Urban green by the Zoning system"(刘畅,2008),强调的是在进行适应性评价确立的保护对象与保护等级的基础上,将有价值且相对完整的山水格局、动植物生境及农田等纳入区域生态绿地体系这一实体形态中来,并对其进行严格的保护与管控,同时对不同保护区块进行功能定位及保护性的利用措施的引导。绿地在系统规划尺度上与上述区域尺度的对应性及其与自然环境的兼容性方面为此提供了便利。

控制性绿地结构涵盖的范围与绿地系统分类中的其他绿地范围相同,之所以强调"控制性"主要是针对区域生态绿地体系建立的本质,既避免城市开发与扩张对外部自然的过度侵害,又使生态绿地体系成为限制城市增长的边界。以北京市城市总体规划(2004—2020 年)中规划的 11 座新城为例,其中几乎所有新城的绿地规划都涉及类似控制性绿地结构的建立，如通州新城规划（2005—2020年）在生态环境建设与保护方面提出"全空间生态网络"的概念；昌平新城规划（2005—2020年）提出在新城规划区范围内进行"生态系统概念规划"；门头沟新城规划（2005—2020年）中门城新城进行了市域绿地系统的规划，对区域绿地结构的保护与整体绿地结构的贯通起到了重要作用。

在具体的实施环节上，武汉阳逻新城在"四区划定"的基础上，确立了其控制性绿地结构的框架：将武湖和涨渡湖开辟为生态农业区和湿地保护区，作为区域主要生态斑块；将武湖生态廊道、倒水河生态廊道、界埠河生态廊道、城市北部外围生态廊道以及沿长江生态走廊确立为区域主要生态廊道。其中，城市外围生态廊道是依据城市周边现有零星分布的植被覆盖良好的山体而设置的动植物迁徙通道上的临时栖息地。城市外围生态廊道和沿长江生态走廊大致确定了城市的外部边界和西北—东南的城市的发展方向；而西部武湖生态廊道、倒水河生态廊道成为切入城市中心的绿楔，同时又作为隔离和划分城市组团的绿地（王国恩等，2012）。南京滨江新城在空间适应性评价的基础上，提出了生态保护空间策略、风景旅游区策略和农业发展空间策略。其中，生态保护空间包括水源地生态保护区、老山林场森林生态保护区、内河水系保护区、渔业生态保护区；风景旅游区包括老山旅游区、浦口历史旅游区和浦口新区旅游区，强调风景旅游资源的开发要以资源保护和优化为前提；农业发展空间提出要以基本农田保护区为主体的农业生产空间和农村居民点用地，主要发展现代都市型农业和集中农村居民点，建立苗木花卉示范带和农业生产基地，严格管控工业项目建设和其他城市开发（杨俊宴等，2012）（图5-7、图5-8）。

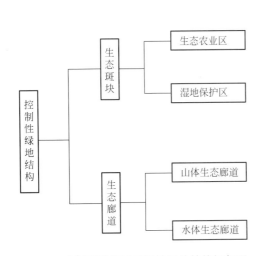
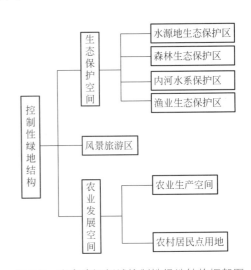

图5-7 武汉阳逻新城控制性绿地结构框架图　图5-8 南京滨江新城控制性绿地结构框架图

而在北京市门头沟门城新城的建设实践中，在控制性绿地结构确立的基础上还专门针对其所处的浅山区环境提出了更加具有针对性的浅山区控制规划。浅山区是山区中较为特殊的部分，与之相对的是深山区，是山地与平原的过渡地带。浅山区的重要性主要体现在：首先，浅山区地形类型包括低山、丘陵、台地、河沟等，而且由于其自然汇水作用，也往往形成水库型的自然水面，所以自然要素十分丰富，自然资源的水平和垂直差异性使得该区域具有更高的物种多样性。其次，浅山区作为一种交错地带，在具有较高物种多样性的同时也具有易受破坏的脆弱性，尤其是其作为一种重要的石材资源提供地区，往往由于城市工业发展的需求和相对便利的开采条件成为石质资源开采的工业点。随着矿石资源的枯竭及人们越来越多地对山体自然生境的重视,这些逐渐被废弃的山体矿区的修复就成了浅山区生态保护环节需要解决的问题,这也使得浅山区的保护与山体矿区修复结合起来。如在《北京城市总体规划(2004—2020年)》确定的11座新城中,房山、门头沟等新城的规划中都专门提到了浅山区的保护与利用及山体矿区的修复。再次,与深山区相比,浅山区海拔较低,可达性较好,也更利于人为的利用。浅山区是一类既具有生态保护价值又具备一定开发价值的自然地区,在新城建设中,新城由于多深入自然腹地,浅山区作为一类新城建设中面临的重要的用地类型与一种典型的绿地中间领域,越来越受到人们的关注,如在《北京城市总体规划(2004—2020年)》中就专门将浅山区作为规划重点之一,并将浅山区的海拔范围划定在100~300m之间(俞孔坚,2009)。

门头沟门城新城是北京西部发展带上的重要节点,紧邻西山,面积1455hm²。门城新城位于门头沟东部平原区,是连接北京主城区和西部山区的过渡地带。门城新城的浅山区范围是指坡度小于5%的平缓地带和海拔高程在150~500m之间的低山地带之间的区域。门城浅山区是城市向山体过渡最为敏感的区域,是城市前景与作为背景的山体的交接部位,是整体城市景观的边界轮廓线。煤矿及石矿场的采掘就造成了其西侧浅山区部分大面积的山体采空区,导致矿渣山和山体采石创面较多,山体植被情况较差等问题。在新城生态建设的规划中,门城新城就提出了矿区生态修复并将其纳入城市外围生态绿地范围之中,提出了以生态农业、生态旅游等为主的浅山区农村生态系统的建立,在门城新城的绿地系统规划中,通过一种延伸与嵌入的方式,将浅山区及其外围的其他建设用地划为高绿地率控制区,将与浅山区相连的山谷作为进入外围自然区域的预留用地与植被涵养区域(图5-9)。

图5-9 北京门头沟门城新城浅山区控制规划
(图片来源:北京北林地景园林规划设计院有限责任公司提供)

5.1.4.3 控制性绿地政策与监管模式的建立
对于新城建设中城市建设区外围的区域生态绿地建设来说,控制性绿地结构的建立是在实体形态层面对外部的自然资源与环境的保护进行的规划，但由于区域生态绿地保护体系涉及的空间范围十分广阔，单靠图纸上的规划还很难形成真正意义上的控制性，所以必须从制度、开发经营、监管等层面对其进行控制与引导。

（1）法律、法规等制度的建立是区域生态绿地体系建立的最重要保障。自 20 世纪 90 年代初以来，我国相应的城市规划和环境资源方面的法律法规体系得到了较快的发展与完善，迄今为止已先后颁布了《城乡规划法》《土地管理法》《环境保护法》《环境影响评价法》《自然保护区管理条例》《风景名胜区管理条例》《水土保持法》《土地管理法》《森林法》等一系列法律法规，其中还不包括各级地方政府与部门颁布的地方性的法规与政策。在这些法律法规中对区域生态绿地建设具有直接指导意义的主要包括《风景名胜区管理条例》《自然保护区管理条例》《森林法》等，但对其每一项来说都不能完全涵盖区域生态绿地涉及的自然资源类型，这就使得部分列入区域生态绿地体系的自然资源得不到实质性的保护，也不能够对整体的区域生态绿地体系的建立进行全方位的管控与利用。因此，应该尽早建立一套针对性更强、涵盖范围更广、精细程度更高，并主要以保护性质为主的区域生态绿地法律法规体系。如同济大学的刘颂教授在对比新西兰《资源管理法》的基础上就提出应该在国内建立一部能够对各种类型的风景资源进行可持续保护和管理的《风景资源法》的建议（刘颂，2008）；而在日本，其城市绿地法律法规体系中除了上述提到的类型之外还涉及《农业振兴整备法》《近郊绿地整备法》等很多专门性的法规及条例，对城市整体的控制性绿地结构进行详细的分类管理（表 5-4）。

日本控制性绿地分类及相关法律法规　　　　　　　　　　　　　表 5-4

控制性绿地	类别	相关法律法规
法律制定绿地	绿地保护地区	《城市绿地法》《绿地保全地区制度》
	特别绿地保护地区	
	风景地区	《城市规划法》
	近郊绿地保护地区	《近郊保全区域整备法》《近郊绿地保全区域制度》
	自然公园	《自然公园法》《自然公园制度》
	自然环境保护地域	《自然环境保全法》《自然环境保全地域制度》
	农业振兴地域	《农业振兴整备法》《农业地区域制度》
	农用地区	
	保护树林	《树木保存法》《保护树林制度》
	历史风土保存地区	《古都保存法》
	历史遗迹绿地	
绿地协定	—	—
条例规定绿地	—	—

（资料来源：刘畅，石铁矛，赤崎弘平，姥浦道生，《日本城市绿地政策发展的回顾及现行控制性绿地政策对我国的启示》）

（2）区域生态绿地体系的建立必然要对城市建设区外部相关重要自然资源节点的土地所有权与使用权进行变更，但对于区域生态绿地涉及的尺度范围来说，进行完全以政府主导的统一的回收与建设存在相当大的难度。对于新城的绿地建设来说，应该采用更为灵活的土地开发经营模式，首先在开发建设过程中可以将城市边缘地区的城市建设项目与相关的区域生态绿地建设进行捆绑式开发，用绿地建设对周边城市区域土地价值的提升来抵消先期绿地开发付出的成本；其次在某些具有较好旅游开发价值的区域可以采用与相关用地内村民进行联合经营的模式，这样既避免了土地回收所要付出的高额成本与不必要的纠纷，又减轻了相关部门在经营与管理方面的压力，同时也使得所在地的原住居民能够得到更大的经济利益；最后，对于区域生态绿地范围中必须要对土地进行回收与改变用地性质的情况，要通过"损失补偿"的办法对土地所有者发放一定数额的补偿金，以减少周边土地价格上涨对于土地所有者造成的损失（梁伟，2009）。

（3）在对于区域生态绿地体系的监管方面，由于其区域尺度较大，所以很难完全通过人工的方式进行全面且实时的监控，因此本研究建议建立一种基于开发建设单位、政府部门与当地居民共同进行的信息采集与共享、景区研究与管理相结合的可视化动态监管模式。在这一点上美国风景管理中的视觉模拟模式可为本研究提供相应借鉴。美国的风景管理（Scenery Management）研究是针对国家公园体系（National Parks system）所辖区域的较为成熟的景观研究及管理方式，其中的视觉模拟是通过由计算机生成三维图像的方式对风景资源进行可视化的认知，科技手段的介入保证了实时数据的准确，也减轻了人工监管的负担，同时还可以对未来的发展变化进行预测。具体的方法是通过开发在线的计算机图像数据库，通过工作人员、当地居民和游客对视域范围内实时图像数据的上传，用以监控所在区域的发展变化，然后通过GIS软件生成基于视点、视觉敏感性、视距、地表覆盖等评估因子的数据图像，并将其与谷歌地球的三维视图模式进行图像的复合，开发以谷歌地球为基础的网络数据共享平台，其中包括了各重要节点区域的全景视域图像、景观特征描述、景观质量评价、设计建议和参与单位信息等，使各开发团体、政府部门、当地居民等能够实时了解监管区域的问题与情况（帕特里克·米勒，2012）（图5-10、图5-11）。

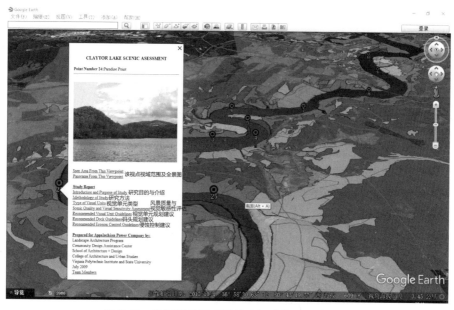

图 5-10　美国风景管理系统中视觉管理操作界面

（图片来源：http://www. landdesignlab. arch. vt. edu/VTGoogle _ 2009. zip）

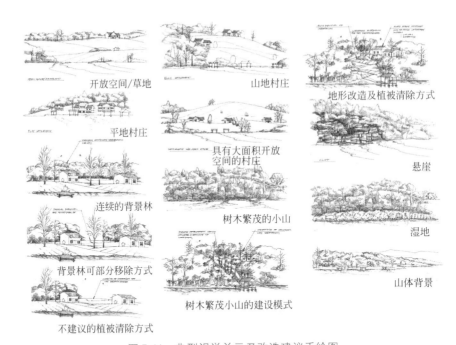

图 5-11　典型视觉单元及改造建议手绘图

（图片来源：http://www.landdesignlab.arch.vt.edu/VTGoogle_2009.zip）

5.2　绿地作为中间领域的整合

5.2.1　建立绿地中间领域的意义

中间领域是一种模糊的、不定性区域，是对二元思维模式的一种反思，强调的是一种包含矛盾共同体的区域（黑川纪章，1984）。所谓的二元思维模式是西方哲学体系中的一种观念，强调的是两个矛盾的个体的不可调和和相互独立性，而这与传统的东方思维有着明显的区别。在古代的中国就有着"阴阳调和"之说，体现的就是一种"并存哲学"。

中间领域反映在城市与自然关系问题上将城市与自然要素的对立通过过渡区域的建立进行消除，具有过渡性特征。在绿地作为保护机制的案例分析中可以看出，由于区域尺度的巨大及分析方法的局限，城市与自然的规划边界往往只能通过一条分界线来划分，这样的结果往往会使人忽略了城市与自然发展的动态性，也就违背了整合价值观中的过程性。所以在此基础上，绿地中间领域的引入恰恰是弥补了这样一种过渡空间的缺失，将死板生硬的边界"线"转变为一种可兼容的"区域"，绿地在其中就扮演了这样的角色。如果说绿地作为区域生态保护的整合是在区域层面确定城市与自然的整体关系，那么绿地作为中间领域的整合则是绿地引发的在城市与自然要素的交界地带产生的融合。

5.2.2　绿地中间领域的范畴

5.2.2.1　绿地中间领域的类型

绿地中间领域处于自然要素与城市要素结合较为紧密的地段，不同于整体城市或者城市组团外围与城市空间关系及功能联系疏远的生态保护地带，其与城市建设区的关系较为紧密。绿地中间领域多位于城市建设区域外部边界或者内部与自然要素的结合区域，如城市外围滨水建设区、田园综合开发区、城市核心滨水绿地建设区等，主要依托于陆上自然要素景观形成的大型城市公园或生态绿地等。

对于滨水区来说，滨水绿地中间领域是新城建设中最常见的一种形式。在当下的新城建设中，传统的水利工程技术手段主导下的硬质驳岸处理方法已经逐渐被设置滨水绿地的方法所取代，传统的"水体＋城市"模式逐步向"水体＋水岸绿地｜城市"模式演变。水作为一种与城市关系最为密切的自然元素，自城市出现之日起就与城市息息相关。时至今日，水体传统的交通、防御等作用渐渐淡化，但其生态及景观作用却越来越受到人们的关注。新城的建设由于空间位置的原因及其对城市景观环境的重视，城市与水的关系更加密切，不但在城市外部多与自然的大型水体产生联系，而且在城市内部也多根据自身条件依托大型的湖泊河流形成新城生态绿核。如无锡太湖新城南临太湖形成大型滨湖绿带，厦门集美杏林新区以杏林湾为依托形成园博园片区，浙江绍兴镜湖新城以镜湖水面为依托建设大型的城市国家湿地公园，济南北部滨河新城以华山与华山湖山水结构为依托建设华山历史文化公园，以及宁波东部新城滨河绿道、慈溪新城河沿岸开发等。这些新城滨水绿地空间的建设成了城市与自然融合的最重要的绿地中间领域类型。

依托于陆上自然要素景观形成的大型城市公园和生态绿地主要是针对滨水绿地这样一种以大型水体景观作为依托的绿地空间类型来说，这样的城市公园或生态绿地受自然水体的影响较少，多与自然山体林地、农田、湿地等陆上自然要素进行结合，并与城市紧密相连，如深圳光明新区中央公园、深圳龙岗体育新城大运公园、德国里姆（Riem）新城里姆风景公园、哈尔滨群力新城湿地公园等。

这里需要说明的一点是，在传统的城市内部绿地建设中，公园作为城市主要的绿地类型，往往是通过"推倒重建"式的大面积绿化、人工水体营造、堆山叠石等纯人工手段建造，这就使得公园成为一种人工模拟自然的"园林化"场地，失去了与自然的联系。而新城建设对城市景观环境的重视使其越来越多地将城市建设区域的自然山水元素、动植物生境甚至是农业肌理纳入城市绿地景观的塑造中来，形成涵盖或者依托于真实地域自然景观的城市公园，这种类型公园的塑造既节约了人工造景的成本，同时也避免了先破坏后绿化的模式造成的自然地域信息的丢失和经济上的浪费，所以我们将这一类位于城市内部的城市公园也纳入绿地中间领域范畴之中。

5.2.2.2 绿地中间领域的形态

从对绿地中间形态的类型介绍中可以看到，在城市与大型自然水体，如湖泊、河流等交接的区域，绿地中间领域多以滨水绿地空间的形式存在，绿地中间领域的带状形态最为明显，而在城市与陆地自然要素交接的区域，由于陆上边界的模糊性及绿地与陆上自然要素之间属性的类似性，绿地中间领域更多的是将全部或者部分自然要素涵盖到自身形态之中，然后根据周边城市建设用地情况形成一种不规则的带状或者斑块状绿地形态。

5.2.2.3 绿地中间领域的功能

作为中间领域的绿地空间并不仅仅意味着空间位置上的中间地带，也应该是作为引发城市与自然多样化融合的兼容型区域。绿地作为中间领域形成边界地带，强调的是保护与利用并重，通过景观游览活动设施及城市设施的引入，绿地既承担一种缓冲作用，同时也促进城市与自然之间的良性互动与交流，对于城市与自然的融合将起到十分重要的作用。

在新城建设中，绿地中间领域的核心问题是要促进城市与自然的融合，所以绿地中间领域在不同方向的功能设置应该有所侧重。在绿地中间领域与自然要素的关系更加紧密的部分，绿地边界应该更多地偏向自然要素的保护与自然气氛的营造；而在绿地中间领域与城市关系更加密切的部分，绿地边界就应该承担更多的城市功能，引领城市行为的发生。同时，绿地中间领域的建设对于新城发展的促进与带动作用也具有十分重要的意义（表 5-5）。

绿地中间领域　　　　　　　　　　　　　　　　　　表 5-5

绿地中间领域的功能	绿地中间领域的类型		典型案例
引发城市与自然多样化融合，促进与带动新城发展	滨水绿地中间领域	湖泊	无锡太湖新城滨湖绿带
			厦门集美杏林新区园博园
			浙江绍兴镜湖新城城市国家湿地公园
			济南滨河新城华山历史文化公园
		河道	宁波东部新城滨河绿道
			宁波慈溪新城河沿岸开发
			北京通州新城运河核心区绿轴
	依托于陆上自然要素形成的大型城市公园或生态绿地	综合类	深圳光明新区中央公园
		山体	深圳龙岗体育新城大运公园
		农田	德国里姆新城里姆风景公园

5.2.3　新城绿地中间领域构建的方法

5.2.3.1　自然要素的景观功能化

对于景观可以从两个方面来理解：首先，从广义的角度来说任何存在的事物进入人们的视野范围都能够称之为形成了一种景观或景象，它可以是事物的本身，也可以是由景象本身所引发的一系列联想，这时的景观代表的是提供景象的事物本身；其次，真实生活中的景象是视野所及范围内的连续的整体，所以景观一词的引申含义是代表一种复杂的整体性，这一种整体性要求整体景观中的每一个事物都应该与其他事物产生联系，比如景观都市主义中对中间地带的关注就是试图要在事物之间建立这样一种联系机制，这种联系可以是可见的，也可以是不可见的，联系性的建立既突出了整合的价值观，又突出了绿地中间领域建立的意义。基于对景观的这两点分析，自然要素的景观功能化可以概括为以下两点：

（1）自然要素的景观功能化首先是指对场地内部或者外部有价值的自然要素进行保留或者引入，使其存在本身形成一种景观，产生一种提供自然景象与审美的功能，而不是采用破坏后再重新进行绿化的模式。

（2）自然要素的景观功能化要对自然要素进行一定程度的景观化改造从而建立一种促进人与自然结合的使用功能和其本身所附带的能够影响整体环境的生态功能。

自然要素的景观功能化是绿地中间领域建立的基础，可以看作是由原始自然景观向人文自然景观的转化。通过对历史的回顾可以发现，对于自然要素进行景观功能化的做法古已有之，尤其突出地体现在中国古典园林及相应的文学作品对山水意向的解读中，如我们耳熟能详的杭州西湖就可以看作是自然要素景观功能化的典型范例，"西湖十景"的说法更是将依托于自然要素形成的景象升华为一种文化符号。而在笔者参与的济南滨河新区华山历史文化公园的项目中，更是通过设计实践体会到了自然要素景观功能化所体现的自然与人文价值的结合。济南滨河新城位于济南市北郊，北邻黄河。华山历史文化公园位于滨河新城东部，规划面积 14.6km² （图5-12）。公园建设区域自古以来就是济南北郊一处重要的山水节点，其中的华山与华山湖早在明代之前就已经以"鹊华烟雨"被列入了"济南八景"，而画家赵孟頫的《鹊华秋色图》描绘的就是这一"单椒秀泽"的景象（图5-13）。如今新城建设的开发使其成为城市之中的一片绿色核心地带，环湖绿地成为城市与自然要素之间的中间地带，如何恢复公园所在区域的原始自然风貌，并使其与当下的城市使用功能相结合就成了该项目创建绿地中间领域的主要工作。在自然要素形成景观意向方面，设计首先将现已淤塞的华山湖进行重新开挖与疏浚，再现古时华山与湖面山水相映的自然山水格局，使其发挥主体性的景观意向的审美功能；其次，对华山现有的华阳宫、吕祖祠、华山牌坊和华阳书院、弥陀寺、郅家村遗址等进行原址保护性修复与选择性地重建，在环湖绿地的规划与设计中通过山、水、植物的搭配与空间塑造，再现与恢复古代文学作品中对华山及华山湖的景致描述场景，如"鹊华烟雨""孤峰凌霄"等（表5-6）。在自然要素与人的使用功能相结合的方面，整个环湖区被划分为七个不同的景观功能区域，以满足不同的使用功能与使用强度（图5-14）：

- 华山景区——以保留原华山遗址为主，重建山水相接的水岸边界；
- 湿地认知体验区——以湿地生态展示与体验活动为主，同时对小清河与华山湖之间的交换水体进行自然净化；
- 城市活力水岸区——以建筑与环境相互融合的标志性城市景观为特色，为多种城市活动提供绿色舞台；
- 湿地再生区——以生态湿地保育为主，通过地形处理阻隔场地南北两侧城市基础设施对湖区的影响；
- 绿色滨水休闲带——以欣赏湖面景观为主，形成环湖公路与湖面之间的过渡地带；
- 山地娱乐体验区——以区域内南北卧牛山现状为基础，以山体修复为工程技术手段，在山体原址上塑造景观地形，同时在两山之间的低地势区域设置水面，形成"园中园"式的山水地貌景观；

图5-12 华山历史文化公园规划建设区域

图5-13 华山区域的古今对比

（图片来源：北京多义景观规划设计事务所提供）

• 邻里公园区——结合原有水渠开辟具有湿地景观特色的城市公园，满足附近城市居民的日常休闲活动需要。

图案

① 交通中转站
② 公交车停靠点
③ 停车场
④ 游船码头
⑤ 商业娱乐综合体
⑥ 观景平台
⑦ 环湖公路
⑧ 齐晋"鞍之战"广场
⑨ 金融办公综合体
⑩ 城市广场
⑪ 印象华山水幕表演
⑫ 观鸟屋
⑬ 科普馆
⑭ 丘岛
⑮ 湿地滩涂
⑯ 水质净化池
⑰ 入口广场
⑱ 曲桥
⑲ 华山历史解说馆
⑳ 郇村遗址
㉑ 华阳书院
㉒ 华泉
㉓ 齐鲁楼

弥陀寺
华山
流水茶室
餐饮零售
观景亭
鹊岛湿地
邻里公园
社区服务中心
北卧牛山修复山体
谷地花园
酒吧街
螺旋山
地形雕塑园
文化演艺中心
阳光沙滩
南卧牛山修复山体
度假酒店
堤岛
鸷山修复山体
湿地博物馆
入口水门
华山牌坊
赵孟頫纪念馆

0 100 200 400 600m

图 5-14　华山历史文化公园平面

（图片来源：北京多义景观规划设计事务所提供）

自然要素景观功能化中的自然与人文的结合　　　　　　　　表 5-6

景点	出处	意向
单椒秀泽	"单椒秀泽，不连丘陵以自高。" ——《水经注》北魏·郦道元	
鹊华烟雨	原泉城八景之一	
孤峰凌霄	原历下十六景	

景点	出处	意向
登山览胜	"岱宗夫如何,齐鲁青未了。造化钟神秀,阴阳割昏晓。荡胸生层云,决眦入归鸟。会当凌绝顶,一览众山小。" ——《望岳》唐·杜甫	
华泉波绿	"华山高高白云流,华泉脉脉绿波流。" ——清·朱曾传	
翠发奇石	"佛钵涌莲花,翠发攒奇石。象伟逼高空,心目涵静碧。" ——《华不注》清·沈心	
湖光摇碧	"湖阔数十里,湖光摇碧山。" ——《陪从祖济南太守泛鹊山湖三首》唐·李白	
孤峰含香	"独酌眺归鸿,诸峰开画面。凤日发含香,霜老霜林靖。" ——《同诸友登华不注》清·王大儒	
雁下云天	"　峰孤立华不注,三窦分流趵突泉。水剩山残秋事冷,雁生空下碧云天。" ——《历下杂诗》清·田同之	
楼台影浸	"城里看山山愈幽,依微城畔雨初收。楼台影浸花千亩,烟水清归露一舟。" ——《华不注情望》清·蒲松龄	

　　济南滨河新城华山历史文化公园的案例，是一类新城建设中较为常见的、依托大型自然山水结构进行的自然要素景观功能化，其滨湖绿地建设强调的是城市功能与自然气氛的融合、公园边界地带结合新城建设，是一片较为典型的绿地中间领域。

　　另一类在新城建设中常被进行景观功能化改造的是农田和鱼塘类的农业自然景观。在对自然要素解构中已经指出，田塘是一种已经经过人工化的半自然的人文景观，其原始的功能是农业生产。在新城建设中由于城市用地多与农业用地发生关系，对这一类自然要素的景观功能化也是新城建设中常会遇到且具有代表性的一类。在田园城及西方大规模新城建设时期，城市外部的农业带或者绿带强调的就是一种对于农业生产方式和乡村自然风光的重视，而对于绿地来说，其与农业的关系甚至可以追溯到园林产生的雏形"囿""圃"。由此可见，对于田塘自然要素的景观功能化与新城及其绿地建设的重要关系。当下，农业景观介入都市发展已经越来越受到人们的重视，但其参与的方式大多是作为远离城市的农业观光园或者是田园综合体，与居民的日常生活结合并不紧密，所以田塘等自然要素的景观功能化首先应该更多地使其与城市生活发生更加紧密的联系。其次在具体设计方面，对于田塘自然要素的景观功能化应该以保持其地域形态肌理为前提，并将其与相应的功能进行叠加。

　　在这一方面，笔者参与的 2011 年 IFLA 设计竞赛中就对此进行了一定的尝试。设计场地是一片位于香港天水围新城建设区域北侧的后海湾滨海渔业生产地带，是未来新城发展的主要方向之一，具有明显的城市与自然之间过渡地带的特征。设计重点是对场地内部原有的鱼塘生产区进行改造并使其适应未来城市的发展。对鱼塘来说，其本身已经是一种经过人工化改造的自然要素，而其纵横交错的网状肌理使其带有一种明显的地域自然特征，所以对这种自然肌理的保留就成了设计的第一步。在此基础上，设计采用了一种较为大胆的针对自然鱼塘的景观功能化改造，将整体的鱼塘区域结合不同的使用功能解构为 18 种设计单元。其中一部分的鱼塘仍然保留渔业生产功能，将其作为城市渔业生产的休闲体验区，避免城市扩张导致传统渔业生产方式的消失。另外部分则将其营造为不同类型的湿地、森林、运动场地、下沉花园、雨水收集池等景观单元，并结合规划设计的未来低密度城市公寓及商业休闲设施进行布置，加强城市与该自然区域的联系。整体设计可以看作是在鱼塘肌理之上的功能和设施的叠合，18 种不同功能的鱼塘景观结构串联起了整个中间区域地带（图 5-15）。

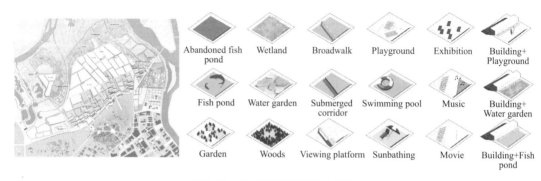

图 5-15　鱼塘要素的景观功能化

　　如果说上述两个例子是针对具有单一性质的自然要素的景观功能化，那么深圳市光明新区中央公园的设计方案则可以在自然要素景观功能化的全面性上给予我们很好的借鉴。公园位于光明新区中心区北部，面积 2.4km²。场地内部现状自然肌理十分丰富，包括山地、丘陵、溪流、池塘、山林和菜地等多种自然要素，而整体设计就是在对这些自然要素进行景观功能化的方法下展开。首先设计将这些场地内部原生性的自然要素看作是场地地域特征的体现并加以保留，在此基础上规划方案将这些典型的自然要素转化为场地内部具有多样化景观功能的景观节点，形成山谷景观、河谷景观、乡土花园景观、山林景观和湿地景观等不同类型。场地东侧的山体与西侧的丘陵被开辟为山林景观区与山地景观区，形成重要的动植物栖息地，并将其作为人们登高望远与进行休憩活动的场所；场地中部的原有溪流进行重新开挖与疏浚，扩大原有的水道面积，并结合沿岸设施形成多样化的滨水休闲地带，而北侧原有的池塘则被设计为一片小型的景观湿地；场地中部原有的农田菜地保留了其原有的农业肌理，通过植物种类的添加与置换使其成了一片具有农业地域特征的自然花园，增强了其审美功能（图 5-16）。

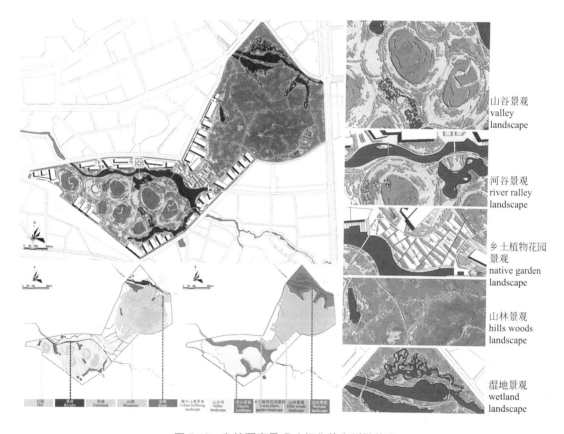

图 5-16　自然要素景观功能化的多样性体现
（图片来源：王向荣，林箐，《多义景观》）

需要强调的是，对于山水自然要素来说，由于人们的认知度往往较高，且其作为一种传统的造景要素已经拥有了较长的应用历史，所以对于这两种要素的景观功能化相对较为普及。但对于像上述提到的农业自然要素来说，其景观功能化则需要人们对自然有更深入的了解，改变固有的城乡二元思维模式，将两者的关系从传统观念中的相互制约转变为相互促进与融合。

5.2.3.2　自然过程的景观重建化

整合价值观中的过程性强调了世间万物都处在一个持续变化的过程之中，自然作为不依赖意识而存在的客观物质世界同样处于永恒的运动之中。过程是指事情进行和事物发展所经过的程序（现代汉语词典，2000），那么从广义上来说，自然过程包括人的作用在内的物质世界的运动和发展（冯潇，2009），但这样的认识就将有利与不利的过程都归结进来，并不能突出本研究中对自然过程的定义。所以，从绿地作为中间领域这一整合方法的角度入手，可以将自然过程理解为：可见或者不可见的自然要素及现象自我维持和发展的状态和过程。

自然过程的景观重建是指对场地上原有的自然过程通过规划与设计手段进行改良、修复或者重新引入自然过程的方法。好的设计应该是对于场地之上的自然过程进行的管理，正如景观都市主义中强调的那样："通过弱控制技巧应对复杂性，以此适应'城市自然'向不可预见的无形式、动态性和复杂性的转变"（陈洁萍，葛明，2011）。

对于自然过程的景观重建可以从对自然过程不同层面的认识来进行解读：

首先，所有自然要素存在本身就在发挥一种自然的过程，从这一点出发，自然过程景观重建的前提是尽可能地将有利于场地未来发展的已有的自然过程进行保留与增强，如保护现有动植物栖息地环境、自然排水肌理等，并在此基础上合理引进乡土树种、丰富植被群落、增强场地水循环能力等。

其次，对于场地未来发展或者城市与自然融合有促进作用，但场地之上没有发生的自然过程，要进行有选择性地引入或引导其发生，通过自然过程的再造促进场地生态效益的发挥。

最后，自然过程先天具有一种"不可见性"，即不容易被察觉到，这就导致了很多人，甚至包括设计师在内，都对自然过程这一问题没有足够的重视，也就不可能保护并引入这样一种自然过程，所以在自然过程的景观重建中，要有意识地将部分自然过程由不可见变为可见，通过有创意的规划和吸引人的设计及必要的科普教育设施使过程可见，教育人们、帮助人们与所居住的自然环境重新发生关联（阿尔弗雷德·维克，2009）。

在具体的实践中，无锡太湖新城贡湖湾湿地及长广溪国家湿地公园的规划与建设通过湿地景观再造作为其自然过程重建的载体，给予了我们一定的启示。太湖新城位于无锡城市南部，规划人口100万，是未来无锡新的城市中心。长广溪国家湿地公园是无锡太湖新城"三纵一横"绿地结构中的"一纵"，位于新城西侧，呈南北走向（图5-17、图5-18）。设计在公园北面利用滩涂形成众多岛屿并将其规划为鸟岛和栖息地，并在其中建立潜流湿地净水示范区，将湿地净化水质的自然过程加以呈现；公园中部利用已有的区域汇水点和低洼处设置表流与潜流两种不同类型的湿地，并对河流水质进行净化，同时也兼具蓄水功能；在公园南部，利用原有的密布河网和长势良好的现状植被建立丰富的水体景观和植被群落，设立探知路径，让游人亲身体验湿地植物的自然演替过程、各种鸟类和其他动物的繁衍生息场所和在雨季、旱季均呈现不同风貌的湿地景观。

图 5-17　项目区位图

（图片来源：王向荣，林箐，《多义景观》）

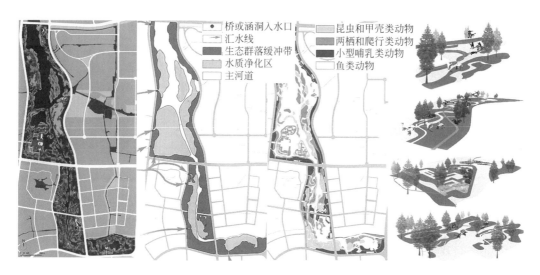

图 5-18　长广溪国家湿地公园规划图

（图片来源：王向荣，林箐，《多义景观》）

　　作为环太湖生态林带的一部分和城市"三纵一横"绿地结构中最重要的横向节点，贡湖湾湿地成了城市与太湖之间的一片绿色过渡地带。在具体的设计中，对于整体水系的梳理使得贡湖湾湿地能够通过水体净化与涵养这一自然过程的发生，减少城市污染对太湖造成的影响；位于整体湿地中部的生态栖息地由生态湿地及生态林地两个部分组成，栖息地的建立为各种生物创造了不同的生存空间；相互独立的生态岛和高密度的乔木种植减少了外界环境对栖息地的干扰，提高了物种的多样性，同时该区域还设置了相对隐蔽且完善的观测设施，使游客得以观测鸟类活动这一自然过程的发生（图 5-19、图 5-20）。

　　在上述太湖新城的两个案例中，自然过程的景观重建主要包括了自然栖息地营建、湿地的自然水体净化和自然生境的人工体验三个方面，突出了对自然过程可见性和不可见性

图 5-19　贡湖湾湿地平面图
(图片来源：王向荣，林箐，《多义景观》)

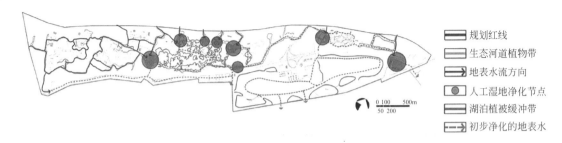

▬▬▬	规划红线
▬▬▬	生态河道植物带
▬▬▶	地表水流方向
◉	人工湿地净化节点
▬▬▬	湖泊植被缓冲带
▬▬▶	初步净化的地表水

图 5-20　贡湖湾湿地水质改善流程分析
(图片来源：王向荣，林箐，《多义景观》)

的利用，从中可以看到，自然过程的景观重建使得场地具有更加明显的自然特征，同时也发挥出更大的自然生态效益。在绿地中间领域的塑造中强调自然过程的重要性是在自然要素景观功能化的基础上对场地与城市及自然关系的进一步增强。不管是对场地内部原有自然过程的保护与增强，还是对场地内部后天性自然过程的引入，其根本是要建立一种对自然过程及对这一自然过程的发挥产生的生态与社会效益的认识（图 5-21）。

5.2.3.3　城市要素的景观设施化

景观设施一词最早起源于英国，一般指的是设置在城市街道或者广场等户外公共空间的各种设施，如环卫、生活服务、文体休闲等，其最早用英文"Street Furniture"表示，译为"街道家具"，后被扩大应用成"Environmental Facilities"，即景观设施（杨建华，2013）。在绿地空间中常用的景观设施包括：景观建筑，如传统的亭廊榭、小型的服务中心、卫生间等；室外休憩设施，如座椅等；卫生设施，如垃圾箱、饮水池等；照明设施，如照明灯具等；交通设施，如游步道、铺装平台、地面停车等；标识设施，如指路牌、讲解图等。在对整合对象的梳理中，我们将本研究中涉及的城市要素主要归结为城市地上可见部分的建筑、道路基础设施等，所以城市要素的景观设施化是指在常用的景观设施基础上，将传统意义上的那些位于城市用地分类绿地用地之外的承担城市功能的建筑、道路基础设施等要素有选择性地整合进绿地空间中来，使其在延续场地周边城市用地类型与承担原有城市功能的同时，引发一种绿地中间领域在形态与功能上的模糊性，从而在某种程度上改变原有城市生活的展开场景，提供更多的可能性与更丰富的体验

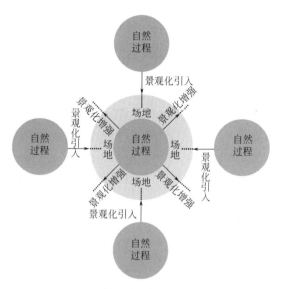

图 5-21　自然过程景观重建示意图

性。正如汤姆・特纳（Tom Turner）在《城市即景观》（City as Landscape）中所说的那样，城市中的景观应该从传统的具有实体边界的空间逐渐转为没有实体边界的空间（Tom Turner，1996），这正是绿地由封闭走向开放的特征决定的。这里需要说明的是，在传统园林中，建筑往往是园林中的主要构成要素之一，并且经常起到统领全园的作用，但由于其并不完全属于一种城市要素，也不承担城市功能，所以并不能够算作一种城市要素的景观设施化。

对于城市要素来说，并不是所有的建筑与道路基础设施等都适宜与绿地中间领域产生结合，开放性与低影响性是其主要的选择标准，这是对整体绿地空间开放性特征的呼应。所谓城市要素的开放性与低影响性主要是对于其使用功能来说，比如居住用地中的居住类建筑、工业用地之中的工业建筑、承担城市主要交通功能的城市干道或者快速路等就不适宜纳入开放性的绿地空间之中，原因是其适用人群较为单一并且较易对自然要素及人的使用产生不利影响。所以城市要素景观设施化的前提是对城市要素的选择。在建筑类的选择上多以能体现使用的普遍性与体现城市活力为标准，如商业休闲类、体育文化类、科普服务类建筑等，同时通过功能置换使其具备上述功能类型的建筑，如废弃工业建筑改造等，也可与绿地空间进行整合；在道路基础设施上，则适宜引入一种既能承担城市交通又能服务场地内部交通需求的类型。在类型选择的基础上，城市要素的景观设施化是要将这些城市要素作为引发城市活动与自然体验相结合的媒介，加深城市与自然的联系。

以上节中提到的济南市滨河新城华山历史文化公园规划为例：整体公园范围分为公园区和建设区两部分。从整个公园区的规划用地类型可以看到，整体绿地边缘的用地类型十分丰富，主要为居住安置、商业娱乐、文化休闲、行政办公等。这就决定了整个绿地边界西侧与商业金融用地相接的区域将与城市的关系更加紧密，而北侧与南侧的绿地边界由于与居住用地相接，所以将更多地考虑周边居民。早在 1835 年英国的摄政公园的建设中就已经开始考虑公园周边的城市建设与土地开发，通过在公园周围进行住宅区的开发，提高居住环境的质量与居住品质，从而获得双重的经济效益（刘颂，2011）。新城城市布局的这种特点为绿地中间领域引发城市与自然的结合提供了绝好的机会。规划将大型的城市金融商业综合体建筑纳入滨水绿地的建设范围之中，通过艺术化的造型使建筑与环境相互融合，形成标志性的城市景观，建筑周边成为城市广场，可容纳居民举行各类活动；而在活力水岸区的南侧则规划了商业娱乐为主的滨水建筑界面，将城市功能与公园服务功能进行整合，对室内外空间进行一体化设计，丰富了水岸与城市之间的层次，为滨水区带来了动感与活力。在道路选线的问题上，规划的环湖路既具有城市交通的功能，又兼具服务内部交通及设施可达性的功能，同时通过道路位置的转换使其与湖体的关系更加紧密，成为一条线形的移动观景平台（图 5-22）。

图 5-22 华山历史文化公园中的"城市要素景观设施化"
（图片来源：北京多义景观规划设计事务所提供）

同样在上节中提到的鱼塘景观改造的竞赛项目中，笔者也将城市要素景观设施化作为了绿地中间领域引发城市行为发生的途径之一。设计在场地南侧结合城市扩张的需要布置了一片低密度、松散化的城市生活休闲区域，其设计方法就是将建筑、交通等城市要素进行一种结合于场地的景观设施化。建筑部分以底层架空的低密度公寓为主，沿现状的鱼塘肌理呈指状向场地内部延伸，高度与密度逐渐降低，公寓之间由线形商业休闲建筑和空中步道连接，建筑下层原有鱼塘开辟为活动空间、停车场、雨水收集和污水净化池等，整体形成了一片既相互联系又融于场地的城市活力区域，创造了一种的适应新型未来居住性生活的休闲空间（图 5-23、图 5-24）。

5.2.3.4 城市事件的景观引入化
1989 年美国学者韦恩·奥图（Wayne Atton）和唐·洛干（Donn Logan）在《美

图 5-23　设计鸟瞰图

图 5-24　城市生活休闲区剖面

国都市建筑——城市设计的触媒》一书中提出了"城市触媒"（Urban Catalysts）的概念，将城市触媒定义为"城市化学连锁反应"，将其中主要的激发与维系城市发生化学反应的"触媒体"指向建筑（图 5-25）。城市触媒理论鼓励的是城市的开发建设者和决策性的部门要更多地关注单个建筑项目的开发所能带来的连锁反应的潜力，起到"以点带面"的作用，如美国建筑师弗兰克·盖里（Frank Gehry）在西班牙毕尔巴鄂设计建造的毕尔巴鄂古根海姆美术馆就是典型的将单一建筑项目的开发作为带动整体城市发展的案例之一。在此基础上，国内学者荣玥芳等人对其进行引申，提出了"城市事件触媒理论"，将"触媒体"指向城市事件，并将城市事件（City Event）定义为：城市重大节事，包括诸如奥运会、世博会等具有重大影响的节事性事件（荣玥芳，徐振明，郭思维，2009）（图 5-26）。而城市事件的景观引入化是指将类似的推动城市发展的事件与绿地中间领域的形成与建设相结合，使绿地中间领域在承载自然环境与过程的基础上也成为承载城市事件发生的载体，并通过城市事件的引入进一步增强城市与自然之间的联系。

　　城市的发展与城市事件的关系十分密切。以德国慕尼黑市为例，德国慕尼黑市于 1972 年举办了第 20 届奥运会，伴随着奥运会的举办，城市北部地区的发展得到了推动，并成就了著名的慕尼黑奥林匹克公园；1983 年同样在慕尼黑举办的国际园林展（IGA）则又用相同的方法推动了城市西部地区的发展，园林展所在地区结合大型绿地开放空间的建设提升了该区域的环境质量，同时也造就了著名的公园——西园；2005 年慕尼黑又再次举办了联邦园林展（BUGA），这次的园林展与城市东部里姆新城及其开放空间体系的建设相结合，再次为城市注入了发展的动力（郑曦，孙晓春，2006）。

　　从慕尼黑的案例中不难看到，城市事件往往能够成为城市建设与发展的直接推动力量。而从城市事件对发生环境的要求来看，其往往与高环境品质的绿地空间相结合，如 2007 年厦门园博会在厦门杏林湾外人工鱼塘的基础上通过填海造岛建立了园博园园区；

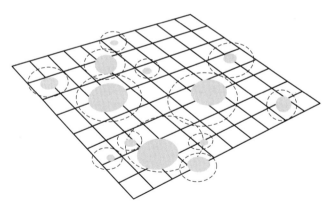

图 5-25 触媒的作用过程

(图片来源：荣玥芳，徐振明，郭思维，《城市事件触媒理论解读》)

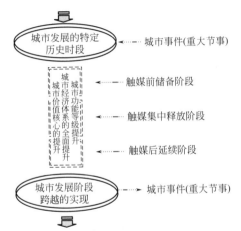

图 5-26 城市事件触媒的作用过程

(图片来源：荣玥芳，徐振明，郭思维，《城市事件触媒理论解读》)

2010 年上海世博会在黄浦江与展馆区之间建设了世博公园；2013 年北京园博会在永定河畔建设园博园……这也是类似活动举办的常用做法。而新城及其能够提供的优越自然环境基底就为这样一种城市事件的发生提供了十分切合的场所。

以德国里姆新城里姆风景公园为例，慕尼黑里姆会展新城位于慕尼黑东部，与城市中心相距约 7km，是在慕尼黑里姆机场的原址上扩建的新城项目，是德国规模最大的可持续城市发展项目之一，整个项目占地 6km²，建设开始于 1995 年，现已基本完成（卢求，2012）。里姆风景公园总面积 200hm²，位于新城南部，形成了城市与外部自然之间的一片过渡地带。里姆新城外部是一种典型的水平向延伸的农业景观，城市外围的环形绿地空间既作为新城与主城之间的分隔，又形成一种农业景观过渡地带。在里姆风景公园的设计中，法国景观公司北纬工作室（Latitute Nord）将这种农业场地的水平延伸肌理与法国特有的"地平线式"景观模式相结合，笔直的轴线道路在满足全园交通顺畅的前提下，将人们的视线引向外围的自然环境中去；斑块状布置的密林、树丛和绿篱对公园空间进行划分与限定；几何状的大型水面位于公园东侧，形成了全园的景观核心；在景观水面的东南侧布置生态农业，完善整个过渡地带的功能属性，形成与外部农田的呼应。2005 年这里举办了德国联邦园林展，园林展将园林规划与城市绿色开放空间的规划相结合，作为一片既向城市开放又与外部自然融为一体的典型的绿地中间领域，里姆公园国际园林展的举办不但提升了整体城市形象，还通过城市事件的举办完善了自身的功能属性（图 5-27、图 5-28）。

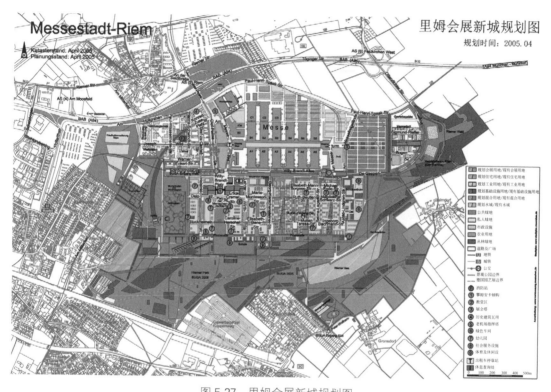

图 5-27　里姆会展新城规划图
（图片来源：卢求，《德国可持续城市开发建设的理念与实践——慕尼黑里姆会展新城》）

在厦门市集美杏林新区的规划建设中，新区以 2007 年举办的第六届中国国际园林花卉博览会为契机，决定在厦门岛外的杏林湾规划建设园博园片区，将城市事件作为城市发展的推动力，依靠海湾优越的自然环境打造一片城市与自然相互融合的中间区域。在具体的规划设计中，设计师将原有的大量鱼塘肌理改造为群岛式的结构，共划分为九个岛屿单元。其中两个岛作为园博会期间的主要展览及活动区域，布置园博广场、花园及园艺展览区、展览馆、高架交通设施等；一个岛结合科研与教育职能，作为附近大学城的植物教学区；外围深入海湾的两个小岛，由于其相对独立，所以开辟为生态岛，为鸟类提供人为影响较少的栖息地环境；其他的岛屿及用地则作为城市建设区域，布置商业、居住、休闲娱乐等城市功能及设施。整体的设计既突出了地域的特色，同时又提供了多样化的开发模式，既完成了城市与自然之间的过渡，又成为了区域城市发展的引擎（图 5-29）。

又如在深圳龙岗体育新城的建设中，新城以举办第 26 届世界大学生夏季运动会为契机，在新城的西南侧结合多样化的自然山地景观规划建设了大运公园项目。公园将新城一

图 5-28　里姆风景公园中城市与自然的关系

图 5-29　厦门园博园片区规划

（图片来源：http://www.asla.org/awards/2007/07winners/139 _ adyjg.html）

侧的大运中心场馆区及其附属绿地空间纳入公园体系之中，打破了城市外围封闭的边界，使其既成为城市外围自然向城市的延伸，又使其成为城市生活的一部分。在建筑与场地的融合方面，设计提出了"场地地形化"的设计手法，将外围公园山体的余脉向建筑场地内部延伸，通过高低错落的覆土建筑，形成与远山的呼应，使其与自然很好地融为一体。整体的公园建设为大学生运动会的举办提供了一处既具有优美自然景观又具有高强度使用功能的场所（何昉，叶枫，2011）（图 5-30、图 5-31）。

Ⓐ 大运中心	① 大运中心场馆区	⑥ 野外森林音乐厅	⑪ 水域活动区	⑯ 原有旧村纪念馆
Ⓑ 运动员村及信息学院	② 大运湖	⑦ 主题花山花海	⑫ 神仙岭网球中心	⑰ 核心生态体验区
Ⓒ 大运自然公园	③ 景观湖	⑧ 大运纪念塔	⑬ 国际自行车赛馆	⑱ 生态水花园
	④ 自然山体	⑨ 山地活动区	⑭ 公众高尔夫球场	⑲ 观光农业园
	⑤ 大运纪念主题园	⑩ 动感体育健身区	⑮ 龙口水库	⑳ 生态保育区

图 5-30 深圳龙岗新城大运公园平面

（图片来源：何昉，叶枫，《寓情山水石景谱写大运之道——深圳市龙岗体育新城大运重点项目景观总体规划设计》）

需要指出的是，城市事件往往具有短期性的特点，这就需要在引入城市事件的同时考虑城市事件结束之后场地的用途及后续的使用管理。如在上述的例子中，花园展及园博园区域在活动结束之后都是作为城市新区主要的中心公园为城市居民提供休闲活动的场所，同时也成了城市新的旅游目的地和经济增长点。

图 5-31　深圳龙岗新城大运公园鸟瞰

（图片来源：何昉，叶枫，《寓情山水石景谱写大运之道——深圳市龙岗体育新城大运重点项目景观总体规划设计》）

5.3　绿地作为连接与渗透结构的整合

5.3.1　建立连接与渗透结构的意义

5.3.1.1　由边界到整体

从上述对绿地作为中间领域的整合的解析中可以看到，依托于实体自然要素的整合大多只能发生在城市规划区及城市核心建设区域的边界地带，即使其生态效益及影响力可以具有区域性的特点，但仅局限于边界地带的融合并不能真正做到城市与自然在多尺度、多空间下的融合。这就要求绿地整合性的发挥不能只局限于城市与自然要素交接的边界地带，还需要通过建立一些连接与渗透的结构将自然与远离自然的城市区域联系起来。绿地作为连接与渗透单元的整合保证了城市与自然在整体物质结构层面更深入的融合，是对区域保护及中间领域的补充。

5.3.1.2　流动性

对于流动性的关注最早可以追溯到"十次小组"对《雅典宪章》功能分区的批判，史密森夫妇（The Smithsons）以"社会秩序"与"环境"之间的关系提出了"流动性"的设计途径。流动性关注整体社会的动态属性，既表现一种物质的流动性也表现一种非物质的流动性，在其中就强调了将各自然要素进行整合（朱渊，2010）。在城市中，对于流动性最直观的体现就是城市道路所承载的物质流动性，如人流、车流等。在城市与自然融合层面，流动性主要针对的是城市与自然融合的动态特征，即强调城市中的人与自然过程的交流与运动并不应该仅仅停留在固定的空间领域之中，绿地连接与渗透结构的建立正是为这种人与自然过程的流动性的发生提供了承载的媒介，引发的是一种城市与自然非实体要素之间的融合。

5.3.1.3 可达性

可达性是指利用一种特定的交通系统从某一给定区位到达活动地点的便利程度，起点、终点和交通系统是其必备的三个要素（陆玉麒，2005）。对于城市与自然的融合来说，其本质还是要引发生活在城市中的人与自然发生更多的联系，即从所处的城市环境起点到达自然环境终点的过程，这就使得在对自然要素的保护与利用的前提下如何为处于城市不同位置的人们提供一种舒适便利的可达交通方式变得十分重要。自然要素的分布对于城市空间来说并不具有均等性，这就导致城市中的部分居民将面临较远的出行距离；而对于步行可达范围内的城市居民，由于完善城市步行体系及良好步行环境的缺失，这部分的城市居民也将面临一种两难的选择。这两种情况都导致机动车出行成了大多数人的选择，这种方式虽然较为快捷，但会给城市交通及目的地环境造成较大的负担。所以，绿地作为连接与渗透结构的整合在可达性方面就是要为人们提供一种承载自然氛围与自然意向的绿色可达性通道与节点，增加人们出行路线的选择，使到达既成为一种目的又成为一种可以享受的过程。如美国20世纪70年代的"铁路变小径"运动（Rails to trails）就是将废弃交通线路与绿道建设相结合，为步行及自行车出行创造机会，据报道该时期共有6436公里路径转变为自行车道，而这些小径又进一步将公园、自然地、历史遗迹、城镇和村庄连接起来（迈克尔·哈夫，2012）。

5.3.1.4 平等性

绿地作为连接与渗透结构的平等性也是从城市居民对于绿地空间的使用性上来说的，主要是作为一种对于自然资源分配不均的补偿性措施。依托大型自然要素形成的城市主要绿地空间固然具有更高的整合价值，但在绿地整合效益的发挥中不能只重视区域生态绿地的保护和绿地中间领域的建设而忽视绿地连接与渗透结构的作用，而是将小型的绿地结构作为自然要素的人工化载体，为处于城市环境中的城市居民提供可以随时随地就近享受人工自然环境的权利。

5.3.1.5 整合体系自身的完整性与联系性

绿地整合体系的构建依托于整体城市绿地系统（Urban green space system planning），而城市绿地系统本身的定义就是由一定质与量的各类绿地相互连接、相互作用而形成的绿色有机体（刘颂，2011），其中就强调了各类绿地之间的连接。所以整合体系中连接与渗透结构的确立是对整合体系自身的一种完善。同时，整合的价值观之一是联系性，这种联系性既要求建立城市与自然的联系，同时也要求建立各整合区域之间的联系，不但把城市与自然当作一个整体，还要把整合体看作一个相互联系的整体，即绿地整合性的发挥不但要整合城市与自然，还要整合自身结构，发挥其整体性效益。

5.3.2 绿地连接与渗透结构的范畴

绿地连接体系自身即包括了国内城市绿地分类里的多种传统绿地类型，如社区公园、带状公园、街旁绿地、道路绿地、公共设施绿地等，同时在新城建设中新理念、新技术的运用为绿地与建筑、基础设施等城市要素的结合提供了便利，绿地与城市要素由传统的平面布局结合产生了很多非传统类型的设施覆盖类绿地空间（Parks over structures），如屋顶绿化、垂直绿化、绿地与交通基础设施的立体结合等，绿地向三维空间的延伸不但可以节约土地成本，同时也丰富了绿地结构类型，进一步扩展了绿地的整合途径与效能。这些传统与非传统的绿地类型在区域生态绿地体系及绿地中间领域的建立中参与性较低，但其在连接与渗透体系中却发挥了最主要的作用。

5.3.3　新城绿地连接与渗透结构的构建方法

城市地区的建筑密度往往较高，尤其是高密度发展的中国城市，据相关学者统计，在我国城市中，道路与建筑物覆盖的地区面积往往占建成区面积的75%以上，而其余的25%是零散分布的块状绿地（陈爽，2004）。对于我国新城来说，高强度的开发模式使得新城建设用地呈现一种"紧凑"发展模式，这就导致除了依赖大型自然要素形成的中心及外围生态绿地之外，很难在新城其他建设区域再进行大面积、独立型的绿地建设。所以绿地的建设应该改变传统的老城中大面积、孤岛式的绿地建设模式，使得新城绿地向更加集约的"紧凑"发展模式转变。这种绿地作为连接与渗透结构的整合体现了整合价值观中的经济性原则，在一定程度上避免了城市建设区域内大面积的人工绿地与城市建设相互争夺土地资源所造成的矛盾。

5.3.3.1　绿地与线形自然要素的结合
1. 水系绿地空间结构

在城市绿地建设所依托的自然要素中，河道及溪流是最主要的类型。水是与城市最早发生关系的自然要素之一，早在古代城市的建设中就已经给水系赋予了作为城市交通、运输、防御等多种功能，依托于水系城市也与外部的自然之间建立了更加紧密的联系。水系与绿地的结合由来已久，在中国古代城市中的"引水造园"方式就可以看作是较早的范例，但这样的尝试也只是局限在单一的空间之内，缺乏整体的视野。工业革命之后生态学等相关理论的兴起使得人们开始从更加宏观的视野来看待城市水系，水系与城市在空间形态上也开始逐步由"水体+城市"的硬质边界处理方式开始转向"水系+绿地+城市"的软质边界转变。

绿地与河道、溪流等水系结合形成连接与渗透结构的优势在于：

第一，城市的建设往往具有固定的边界，而水系统则看作是一种超越了边界属性的自然系统，城市水系往往只是区域自然水系的组成部分，那么依托城市中的河道、溪流建立沿线的绿地空间就能够使其自然形成一条与外部自然相连接的蓝绿走廊，发挥绿地的连接与渗透作用。

第二，河道及溪流是城市水环境的重要组成部分，与同属于城市水环境的大型湖泊水域相比，其线形或者是网络性特征更加明显，尤其是在南方典型地域水网特征的新城中，这种明显的线形特征具有很强的引导作用，在绿色基础设施理论中就将河流和溪流廊道作为最主要的"连接"类型之一。

第三，河道与溪流在产生引导作用的同时也属于自然要素的一部分，尤其是位于深入城市建设用地内部的河道与溪流，虽然在尺度上比不上大型的湖泊湿地水系，但通过滨水绿地的建设也能够为人们提供更加亲切的自然氛围与体验（图5-32）。

基于以上分析，依托于河道及溪流的绿色连接结构的建立首先要保证水体网络的连通性，河道与溪流本身作为一种自然要素，自身连通性的确立将大大增加城市滨水界面的长度；其次要注重滨水空间用地的控制，这是滨水绿地连接网络得以形成的基础。基于这两

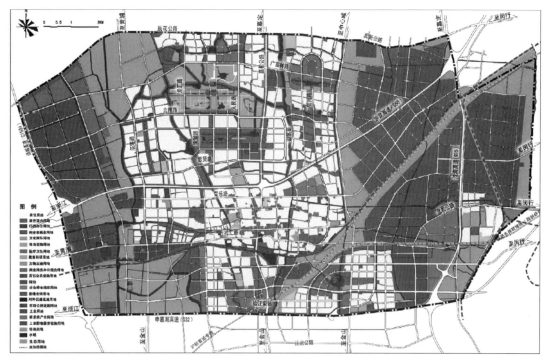

图 5-32　上海松江新城中的水网绿地结构

（图片来源：《松江新城总体规划修改 2010—2020》）

点要求，对城市整体的水环境进行梳理与规划就显得尤为必要。在以往的城市建设中，依托河道、溪流等的城市水系与绿地规划往往存在以下问题：

首先，由于城市的建设格局已基本确定，而城市水系边界地带的城市建设情况复杂，很难保证水系绿地边界具有充足的景观纵深，也很难保证其完整性与连通性，即便是进行后期的改造整治，往往由于牵扯到多种复杂因素，所以实施难度较大。

其次，城市水系规划与绿地系统规划是以城市规划层面下的专项规划的形式存在，两者在尺度与空间上其实存在很多的交集，例如《城市水系规划规范》就明确提出要建立完整的滨水绿色廊道，这也是城市绿地系统规划中的问题，但在实际操作中两者之间往往缺乏紧密联系，又加之管理部门各不相同，这也是各专项规划之间存在的普遍问题。

最后，以往的对于水系沿岸的绿地控制往往只是进行沿水系边线的等比扩大方式，缺乏对宽度的实际论证，这样沿线同等宽度的绿地规划方式缺乏对河流沿岸地区整体自然环境的研究与评估，会在实际操作中带来一种指标上的限制。所以针对新城建设过程中的水系规划及依托于河道、溪流等水系进行的滨水绿地的建设给出如下建议：

（1）提倡"水系绿地空间规划"的综合模式。所谓水系绿地空间规划的模式就是将水系的规划与沿岸绿地的规划设计进行协调，发挥两者的互补优势。可将水系规划中对水系的连通、水质的改善、水生生态系统的保护、水体的防洪蓄洪等一系列工程技术措施与滨水绿地的建设结合起来，发挥绿地本身在这些层面的促进作用，这也能够促进滨水绿地建设的完整性与连通性，为其成为依托水系来连接城市中人与外部自然环境的绿色通道提供基础（图 5-33）。

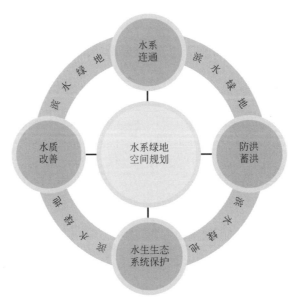

图 5-33　水系绿地空间规划模式

（2）水岸边界的可控与可变。对于水系绿地空间范围的确定主要体现在水岸两侧绿地外缘边界的确定。在新城建设过程中要尽量摒弃传统模式中简单的沿水岸进行统一宽度划定的绿地规划模式，要结合不同类型、不同尺度和不同重要性的水体进行定量但可变的宽度设置，这需要对水体的种类进行更加细化的分类，也需要应用更加科学的评判方法。如在美国与加拿大，其滨水绿地范围的确定是在综合水系尺度类型，滨水区的地形、坡度、水生植物种类与数量等一系列因素的基础上给出建议性的平均标准，同时明确这些标准可以随水系外围环境及自身特征的变化进行调整（苏珊，2013）（图5-34）。

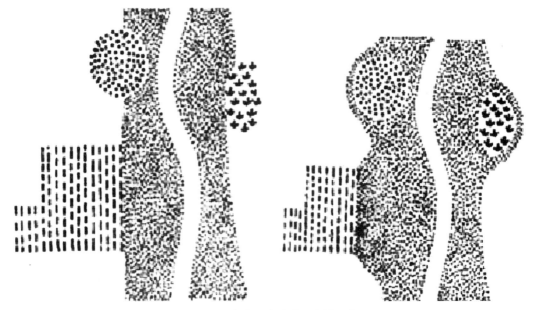

图 5-34　滨水绿地边界可变性示意

（图片来源：苏珊，《基于生态学角度浅谈城市滨水区水系绿道设计》）

需要说明的是，在绿地中间领域的类型中，大型的自然水体与城市核心的结合虽然也依托于带状的滨水绿地，但由于城市核心区域范围有限，所以绿地中间领域并不能扩展到整体水系边界的范围，但其作为城市整体水系绿地空间的重要组成部分共同构成了城市整体的水系绿地空间结构，同样也适用于上述的方法建议。

2. 山谷绿廊空间结构

绿地连接网络依托的另一类典型的自然要素是山地与丘陵，绿地与山谷地形的结合形成自然山谷绿廊，虽然在新城建设中并不具有普遍性，但在以山地丘陵地貌为基础的新城建设中却是一种常见的绿地连接结构。山地丘陵地貌环境由于平地建设面积有限，所以城市往往依山而建，与水系绿地空间模式相比，这一类的绿地连接结构可以看作是一种绿地边界与自然要素位置的互换，形成的是一种"绿色的河流"。在这里将通过对以色列莫迪英新城的案例分析对其进行有针对性的介绍。

以色列的莫迪英新城（Modi′in-Maccabim-Re′ut）始建于1985年，目的是为了缓解以色列沿海平原地区城市日益增长的人口压力，规划人口25万，包括了一系列的商业、文化、工业研发、居住等城市功能，新城用地面积3300km²。整体新城用地以山地丘陵地貌为主，树木稀少，大部分山谷呈东西走向，这种特殊的自然地貌为设计师进行结合自然场所进行城市的规划与设计提供了很好的机会。设计在遵从原有场地自然要素情况的基础上，将山谷建成了多样化社区设施于一体的带状公园绿地，东西向的山谷绿地构成了新城主要的绿色开放空间结构。山谷绿带宽度从50m到150m不等，将城市的各个功能组团联系起来，使之成为依托于自然山谷的、连续的自然绿地空间，在此基础上山谷绿带还与新城外围的森林公园、生态绿带相连接，这也成了城市与外部自然沟通的媒介（图5-35～图5-37）。

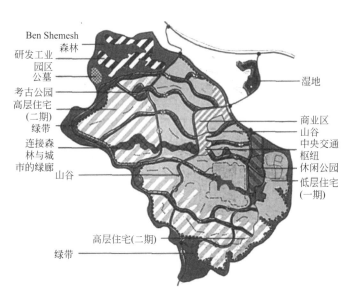

图5-35　莫迪英新城规划平面图

（图片来源：梁思思，《基于场所和自然的新城总体设计理念探索与实践——以以色列莫迪英新城规划为例》）

图5-36　莫迪英新城中的山谷绿廊

（图片来源：http://www.msafdie.com/#/projects/newcityofmodiin）

图 5-37　莫迪英新城鸟瞰

（图片来源：http://www.msafdie.com/#/projects/newcityofmodiin）

与西方低密度的新城相比，莫迪英新城的建设密度较高，同时独特的地貌环境也有别于传统的平原建成模式，体现的是一种城市适应自然的建造方式。对于我国来说，新城建设同样秉承着高密度的建设模式，同时我国的地形地貌十分复杂，莫迪英新城的建设及山谷绿廊的建设方式对新城绿地连接与渗透结构的建立具有一定的指导意义。

5.3.3.2　绿地与线形交通设施的结合——由附属绿地向公园绿地转变

本节中所涉及的线形交通设施主要是指传统意义上的社区街巷、城市道路和新城发展中在城市内部越来越依赖的轨道交通线路，而绿地与线性交通设施的结合正是利用了大规模基础设施联系和整合系统的能力（Ahern，Jack，1995）。

俗话说："城市建设，道路先行"，对于城市来说，城市交通是决定城市空间形态的主要因素之一。在西方新城发展历史的论述中已经指出，带状城市理论其实就是最早的强调交通引导城市发展的理论，而这一理论对于新城建设的影响尤为重要，而新城市主义中强调的公共交通引导城市发展就可以看作是对带状城市理论中机动车交通模式的置换。在当下的城市建设中，尤其是我国高密度发展的城市，格子型城市已经成为一种最典型的城市形态，这样的一种城市形态正是由城市道路系统决定的，网格状的道路将城市划分为若干的功能区块，而城市的发展可以轻易地通过增加平行或者垂直的道路来实现向外部的扩张（Wu Jin，1993）。城市道路的建设往往涉及道路绿地、街旁绿地或者沿城市道路布置的带状公园的建设，不管是对于新城还是老城，城市道路都是城市中遍布范围最广、最具普遍性和连接作用最强的一类城市要素，所以依托城市道路的绿地在连接与渗透层面具有先天的优势。随着交通科学技术的发展，轨道交通这种便捷高效的公共交通方式也开始逐渐影响到城市的布局与形态。对于老城来说，轨道交通的建立主要是为了缓解城市建设大面积蔓延及公共交通的缺乏导致的城市道路交通的通勤压力，同时也为城市居民提供更为快捷的出行方式。对于新城来说，轨道交通的建设很大程度上是为了能够与主城之间建立快速、便捷的交通联系，避免造成交通隔绝，同时也避免私人汽车模式造成的交通压力与城市无序蔓延。由于这一类交通设施往往跨越城市与自然区域，所以这为绿地与其结合形成连接城市与自然的绿地结构提供了形态上的基础。而对于高架轨道交通来说，其与绿地的结合形成缓冲空间也能够减少其对周边区域的影响。

所谓由附属绿地向公园绿地的转变，是指要改变传统的绿地与交通设施的结合方式与从属地位，将其从原来的分隔与装饰作用转变为一种承载城市交通建设而进行的开放式的线形公园模式，从而依赖交通线路起到联系城市与自然的作用。这样一种模式的建设既要对传统的布置方式进行反思，也要对新型的布置方式进行学习。

1. 传统结合方式的问题

在传统形式的绿地与线形交通设施结合的方面存在以下几个问题：

第一，道路绿地很难形成开放式的绿地结构。在以往的城市建设中，道路沿线绿地的建设几乎完全是在既定道路断面形式下的一种种植形式的设计，这几种类型的绿地往往只是作为道路与其他城市用地的分隔和起到装饰性作用，这很大程度上受制于"以车为本"的思维方式和规划设计方式。在《城市道路绿化规划与设计规范》中将道路绿地分为了分车绿带、行道树绿带、路侧绿带、交通岛绿带等四类，其中分车绿带宽度一般为 4～6m，行道树绿带宽度不小于 1.5m，这样的宽度设置无法使其承担一种结构性连接的作用，只能作为道路不同行驶区域之间的带状分隔，即便某些城市道路的中央分隔绿带宽度能达到 20m 以上，但出于安全性的考虑并不允许行人的进入，也就失去了作为承载人的使用功能的作用。对于路侧绿带来说，《城市道路绿化规划与设计规范》中规定："路侧绿带＞8m 时可设计成开放式绿地"，那么即便是城市道路建设能够严格遵守对于道路绿地率的要求且在不考虑绿带间隔的情况下，50m 宽的道路最多也只能设置 15m 宽度左右的绿地（根据《城市道路绿化规划与设计规范》中"红线宽度大于 50m 的道路绿地率不小于 30％"进行计算），即便将这些绿地都设计为路侧绿地，也只能保证在一侧形成开放式的绿地结构。

第二，路侧绿地与其他绿地的结合不具有普遍性。相对于分车绿带、行道树绿带、交通岛绿带来说，路侧绿带由于位于道路用地与其他用地的交界区域，其设置灵活性较强，在《城市道路绿化规划与设计规范》中有"路侧绿带宜与相邻的道路红线外侧其他绿地相结合""人行道毗邻商业建筑的路段，路侧绿带与行道树绿带合并规划""濒临水体的路侧绿地应结合水面与岸线设计成滨水绿带"等一系列规定，这就为路侧绿带与其他绿地结合形成开放式的绿地结构创造了条件。但实际情况中，由于各自红线划分和独立建设的问题，只能在个别区域形成路侧绿带与道路红线外缘绿地相结合的情况。而所谓的道路红线外缘绿地，即街旁绿地、建筑附属绿地或带状公园等，也都是沿道路沿线呈线形布置，所以这样依据红线划分来确定不同的用地归属也往往会导致认识的混乱，所以也很难形成一种连续的开放式绿地连接结构。

第三，对道路沿线绿地的生态价值不够重视。据相关学者的研究，城市道路的阻隔效应很大程度上受到道路宽度、道路密度和道路两边植被特征的影响。一般情况下，道路越宽、密度越大，其阻隔效应就会越大；而路旁植被的类型及覆盖度将影响到道路实际的影响范围及其阻隔效应。在对于道路作为栖息地环境的研究中，班尼特（Bennett）等人证实：在英国，几乎 20％的鸟类、40％的兽类、所有的爬行类、83％的两栖类以及超过 40％的蝴蝶类栖息于道路两侧的生境中；而在澳大利亚的维多利亚农业区，稠密的路边植物中栖息着该区78％的哺乳动物（李俊生，张晓岚，2009）。可见，在城市道路沿线开辟足够数量且连贯完整的绿地线形结构将会使其发挥十分重要的生物栖息及迁徙廊道的作用。

第四，依托轨道交通的线形绿地结构尚不完善。对于地上的高架轨道线路来说，在以往的城市建设中其布置方式多为与现状道路进行上下叠加布置，其下部往往为城市道路的分隔绿带，所以只是局限于防护与分隔的作用，不具备人的使用功能，只是片面强调植物的绿化作用。即便在某些节点能够形成可供人进入的大面积的绿地结构，其功能也往往较为单一，加之其选线与建设并没有经过与周边沿线区域的统一规划，所以也不具备形成完整连续的且具有良好景观质量的连接结构（图 5-38）。

图 5-38　轨道交通沿线绿地常见布置形式

（图片来源：全文燕，《城市高架轨道交通线性景观研究》）

2. TOD 模式的优势与应用

基于以上分析可以看到，绿地是否能够与线形交通基础设施结合形成连接与渗透结构主要取决于交通设施布置方式的转变，以此来带动传统绿地结合方式和人们出行方式的改变，当下国内新城建设中推广的 TOD 模式在一定程度上对这样一种诉求提供了良好的实践机会。

（1）TOD 模式强调公共交通的重要性，从而减少机动车的出行数量，使得城市道路形成一种"小街坊、窄面宽"的道路断面形式，道路兼具机动车与慢行需求，沿街建筑突出商业休闲功能（刘颂，张莉，2012）。而对于城市高速路与大型立交桥的设置则更多地考虑将其布置在城市组团建设区的外围，减少其对城市的分割和城市生活的影响。道路断面宽度的减小就使得沿线绿地容易形成连续且开放的绿地结构，其与步行、自行车交通等慢行交通的结合也就更为便利，从而转变以往绿色背景式的纯粹绿化模式，同时也能避免建设独立型的城市慢行系统造成的资源和空间上的浪费及实现的难度。在我国新城实际的建设情况中，虽然很多新城都借用了 TOD 模式的理念，但在城市道路建设层面，由于新城规划尺度的问题，仍然很难实现一种以人为本的街坊式的道路断面形式，城市道路的设置仍然是一种传统的以机动车为本的宽阔路面的 AOD 模式。这样的 AOD 模式的道路由于路面较宽，即便沿路都能保证绿地的建设，但其相对的绿地界面宽度、连通性及完整性都会受到很大影响，尤其是机动车环境影响范围过大不利于慢行交通的开展，这也就很难起到连接人与自然的绿色通道的作用。所以为了说明本研究中试图表达的 TOD 模式的结合城市道路的绿地体系的建立及其在连接城市与自然中的作用，我们将通过荷兰豪腾新城的 TOD 模式的实践及其相应的绿地和荷兰马斯垂克 A2 高速公路的改造项目加以说明。

荷兰豪腾新城位于乌得勒支市东南部，距城市中心约 9km，其城市发展阶段跨越了荷兰两代新城的建设。豪腾新城的建设始于 1966 年，其建设目的是为了分散主城区的人口压力并形成一个满足乌得勒支城市增长需求的增长中心（Growth center），建设之初规划新城人口为 10000 人，建设范围为如今新城的北半部。1994 年，豪腾政府再次决定扩建豪腾新城，于是依托原有北半部的南豪腾新城开始建设。据当地政府统计，截止到 2010 年，豪腾新城固定居民数量已经达到 48000 人，建成区面积约为 5.0km² （罗震东，2013）。整个豪腾新城是一个基于 TOD 模式的以自行车及步行为主的慢行交通的空间规划。

为了实现减少机动车出行，首先，豪腾新城提出要建立一套机动车与非机动车相互分离的道路交通体系。新城共规划了 31 个居住单元（邻里单元），在城市的边界地带设置外围环路，既作为城市增长的外部边界又起到截流机动车的目的。每一个居住单元通过邻里内的城市次级路与外围的环路相连。为了迫使人们使用邻里内部的次级城市道路，所有的邻里单元之间都设置了永久性的隔离设施。整个邻里内部道路采用"树状结构"，邻里内的城市次级路作为树干，其他邻里道路作为树枝，为了减少机动车进入邻里内部的数量，城市次级路在进入居住区域之前就不再允许机动车行驶。在此基础上，豪腾新城为相邻居住单元之间的交通专门设计了单独的自行车交通线路，并且使自行车出行到达目的地的线路距离远远小于机动车出行到达目的地的线路距离，进一步减少机动车的出行数量。

其次，依托城市道路沿线形成绿地连接结构。对于跨邻里之间的远距离出行，豪腾新城在其北部设计了一条东西向的绿道轴线，采用机动车与慢行交通相混合的布置方式，将慢行交通与结构性的绿化体系紧密结合，不仅形成了北部新城最为重要的交通结构，同时也成了该区域最主要的景观结构。整条东西向的结构性绿带将城镇的轨道交通节点与多个居住片区中心绿地串联起来，沿线结合水体和运河并在结构性绿带两端设计大型的湖泊，形成与外围乡村自然环境之间的过渡与连接。各居住片区之间的指状绿带与主干自行车专用道的绿带相连接，形成放射状的绿地空间布局。在新城南半部的建设过程中，由于北部豪腾新城的东西向绿道结构与居住片区之间的距离较远且结构较为单一，当地居民对出行安全及南北向联系性多有抱怨，所以出于均衡性及安全性的考虑，南部新城采用了一种结构性绿带和慢行专用道相结合的五边形的结构方式，同时串联多个居住区的中心绿地，尤其是在东面串联起城市最大的湖面，拉近了城市居民与外部自然的距离。

总的来说，豪腾新城依托城市道路的绿地连接结构的建立遵循了两个最主要的原则：一是在居住片区内部设置树状道路结构，使得进入邻里单元的机动车无法进入住区内部，而出邻里单元的车辆只能进入城市外围环路，以此减少城市内部机动车出行数量，缩小了机动车道的宽度，增加了沿线绿地面积。二是建立绿地与慢行交通相结合的结构型绿色廊道，为跨邻里之间的城市层面的慢行交通提供便利，并通过结构型绿色廊道与外部的自然建立联系（图 5-39～图 5-43）。

在荷兰马斯垂克 A2 高速公路的改造中，设计师则直接采用了一种建立地下道路隧道的方法将原有地上道路区域设计成了线形公园绿地。在马斯垂克原有的城市结构中，A2 高速公路的建设方式是一种典型的 AOD 道路模式，宽阔的城市道路界面将道路两侧的城市一分为二，对城市造成了严重的分割。为了改变这种道路分割模式，设计师将整条公路断面进行双层的地下化布置，这样不但使改造后地下道路的车流量比原来大大增加，更重

图 5-39　豪腾新城平面　　　　　　　　　　图 5-40　豪腾新城邻里入口

（图片来源：http://wiki. coe. neu. edu/groups/nl2011transpo/wiki/）

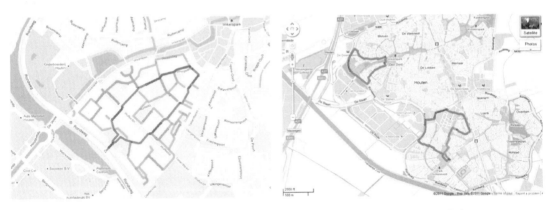

图 5-41　豪腾新城邻里单元内部交通体系　　　图 5-42　车行与慢行线路对比

（图片来源：http://wiki. coe. neu. edu/groups/nl2011transpo/wiki/）

图 5-43　豪腾新城内部依托交通线路的绿地连接体系

（图片来源：http://wiki. coe. neu. edu/groups/nl2011transpo/wiki/）

要的是进行空间置换后的原有地面道路位置被改造成了一条覆盖于地下道路之上的线形绿地公园（Groene Loper）。线性公园为步行与自行车交通提供了专门的慢行交通系统，并且通过 2000 株椴树的栽植和多样化的地被植物的应用使得整个慢行环境安静而且安全，同时也为动植物的存在与迁徙提供了优质的连续廊道环境。整条线形公园不但使原有道路两侧相互分离的城市区域重新建立了联系，而且也成了城市与外部自然环境之间联系的纽带（图 5-44、图 5-45）。

图 5-44　荷兰马斯垂克 A2 高速公路的线形绿地结构

（图片来源：http://www.west8.nl/cn/projects/all/groene_loper_a2_maastricht/）

图 5-45　绿地与线形交通的立体结合

（图片来源：http://www.west8.nl/cn/projects/all/groene_loper_a2_maastricht/）

（2）TOD 模式强调公共交通引导城市发展，其中轨道交通就是最为重要的引导机制。TOD 模式的城市建设多在轨道交通的站点和沿线进行多功能土地的混合利用和开发，这也为绿地这一城市用地类型参与这种开发模式创造了条件。轨道交通周边多布置商业、住宅和相应的公共配套设施，在这个过程中，公园绿地及绿色步行系统的建立也是其中十分重要的组成部分，相关学者在轨道交通发展对城市景观影响的研究中就指出：依托于轨道交通建设的绿化结构作为城市生态网络中的廊道，在提高景观生态连接度方面具有重要作用（周向频，刘源源，2011）。

在唐山曹妃甸新城的规划中，新城由南向北规划了一条单轨线路，南起可持续发展中心，北至资源管理中心，作为串联城市南北向交通的主要交通线路。在此基础上，沿单轨线路规划了一条带状的绿地走廊，这条绿地走廊不但成为城市最主要的公共绿地，也成了城市生态化运作的大动脉。在连接与渗透功能的发挥上，这一条绿地走廊不但连接了城市内部的各个公共区域，还一直延伸到城市北部的生态农业区和南部的滨水区，将城市与外部的自然环境串联起来（图5-46、图5-47）。

图 5-46　曹妃甸新城平面图　　　　图 5-47　曹妃甸新城绿地结构图

（图片来源：［瑞］乌尔夫·兰哈根，《曹妃甸国际生态城规划综述》）

在天津中新生态城的建设中，新城自南向北也规划了一条"S"形的高架轻轨线路，新城绿地依托这条轻轨线路规划了一条带状绿地生态公园，将城市与南侧的自然湿地公园与北侧建设区之外的自然环境连接起来。生态公园采用高绿量和自然氛围营造为主的设计手法，结合周边的居住区开发，使得自然像藤蔓一样渗透进城市生活（图5-48、图5-49）。在生态谷的设计中，结合周边小学规划了供儿童使用的科普场地：通过一系列生态技术装置，让孩子们感受到自然的力量。科普场地包括四个主题园：风之园、水之园、再生材料园及绿色科普园，分别展示风能、水能、雨水回收过滤技术、太阳能、绿色植物对环境的作用及再生材料再利用（王晓阳，吕璐珊，崔亚楠，2011）。

5.3.3.3　建立口袋公园模式的分布式绿地结构

口袋公园模式是绿地连接与渗透结构平等性的表达，是指通过小型斑块式的绿地承载自然意向与氛围并渗透到城市的各个角落，可以看作是一种被打散的自然片段与城市生活的共生。

从新城的发展历史上来看，这种片段式的绿地结构可以从新城绿地发展的脉络中看到一种传承性。较早的邻里单元模式在新城中的应用导致了绿地分散化，各个社区拥有自己独立的社区公园，这些分布于城市各个区域的社区公园可以看作是最早的一种分布式绿地结构。而当下新城中广泛应用的新城市主义中的 TND 模式，强调的也是一种传统的邻里单元模式的回归，这也保证了这样一种以社区公园为主要类型的分布式绿地结构的存在。而从城市绿地发展的脉络来看，这样的一种片段式绿地结构同样具有传承性，从城市公园运动开始的各种位于城市不同区域的不同类型的大面积的公园绿地的建设，到小型"口袋公园"模式的兴起，城市绿地同样存在一种分散化的特征。

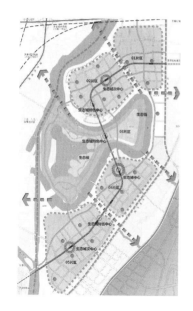

图 5-48 天津中新生态城整体结构
(图片来源：陈畅，周长林，《"生态导向"
型控制性详细规划——以中新天津生态城
控制性详细规划为例》)

图 5-49 "生态谷"效果图
(图片来源：《天津市滨海新城统计年鉴，2010》)

　　1963 年，美国风景园林师罗伯特·泽恩（Robert Zion，1921—2000 年）在纽约公园协会的展览会上首次提出了"为纽约服务的新公园"的提议，提出要在高密度的城市中心区设置呈斑块状分布的小型公园（Midtown park），又被称为"口袋公园"（Pocket park）（张文英，2007）。泽恩口袋公园理论的提出最早针对的是城市及商业办公区内部人口密集但绿地空间相对较少的矛盾，以此来为写字楼中的上班族、商业区里的购物者等提供暂时的休憩和满足其他需求的室外停留场所。此后，美国的纽约、费城等地也先后开始了大规模的口袋公园建设，其中最为著名的是位于纽约市中心的两处口袋公园：泽恩设计建造的佩雷公园（Parley Park）和佐佐木英夫（Hideo Sasaki）设计建造的格林埃克公园（Greenacre Park）。两处公园均建于 20 世纪 70 年代，是纽约市中心高昂地价与密集土地使用模式等因素影响下的产物。两处公园在场地条件、空间组合方式及景观材料选择等方面都极为相似，两者均为东、西、北三面建筑围合的狭长形空间形态，南侧毗邻城市道路；设计通过植物、瀑布水景及休憩座位区相结合的空间组合方式为人们提供绿色惬意的休闲放松场所；上层皂荚树提供遮阴与遮挡邻近建筑物，瀑布水景设置抵消外部交通噪声并形成空间主景（图 5-50～图 5-53）。两处公园作为口袋公园模式的典型案例，其体现的人文关怀及其对区域小环境的改善均对后来的小型绿地公园的建设起到了重要影响作用，有人甚至将其建设的意义与纽约中央公园相提并论。

　　直到今天，"口袋公园"仍是美国、英国等很多西方国家对各种小尺度的斑块式的开放空间结构的简称，与其意义相同的还有（备有椅凳及儿童娱乐设施的）"小公园"（Parkette）、"迷你公园"（Mini-park）、"袖珍公园"（Vest-pocket park）等多种名称，而其景观功能尺度类型也越来越多样。在口袋公园早期，泽恩提出的口袋公园可以是小到建筑物之间 15～30m 范围，如佩雷公园面积仅为 390m²，格林埃克公园面积也仅为 560m²；之后

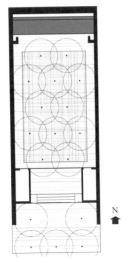

图 5-50　佩雷公园平面图

图 5-51　佩雷公园实景图

（图片来源：https://ahbelab.com/tag/zion-breen-associates/）

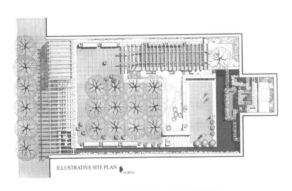

图 5-52　格林埃克公园平面图

图 5-53　格林埃克公园实景图

（图片来源：http://www.sasaki.com/project/111/greenacre-park/zh/）

在费城的口袋公园建设中，口袋公园的面积扩展到了 800～8000m²；在英国，其口袋公园面积甚至达到了 35hm²（张文英，2007）。对于口袋公园的类型来说，更是从最初的商业办公区的小型绿地空间扩展到了社区公园、街旁绿地、小型甚至中型城市公园等多种类型，在形态上也更加自由（图 5-54～图 5-56）。

口袋公园模式的借鉴意义主要体现为以下四点：

（1）口袋公园模式突破了传统的"中央公园"模式，突破了人们固有观念中公园绿地的尺度，丰富了城市绿地的类型；

（2）口袋公园模式体现了以人为本的绿地资源平均分配的思想，使得人们能够随时随地享受绿色空间带来的舒适与愉悦；

（3）口袋公园作为一种城市中的小型自然环境能够起到自下而上地改善城市环境质量的作用；

（4）口袋公园模式可以更好地促进使用者之间的交流；以口袋公园为小型的中心节点，可以对其辐射的周边环境产生凝聚力。

图 5-54　科罗拉多小珍珠口袋公园　　图 5-55　俄亥俄哥伦布　　图 5-56　多伦多云彩口袋公园
　　　　　　　　　　　　　　　　　　　　　　口袋公园

(图片来源：https://en.wikipedia.org/wiki/Pocket_park)

正是基于这一模式的启发，在新城建设中将这样一种分布于城市建设区内部各个角落的小型公园绿地作为自然向城市的渗透，提出建立一种"分布式绿地结构"，是一种城市与自然融合在微观层面的体现。分布式结构借用的是计算机学中的分布式概念，计算机分布式系统强调通过多台微型计算机的共同工作可以取代一台超级计算机，同时避免超级计算机高昂的维护费用及阶段使用率较低、崩溃风险大等一系列问题（图 5-57）。

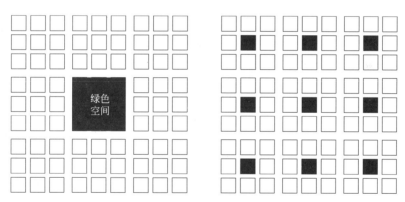

图 5-57　分布式绿地结构示意图

(图片来源：傅凡，赵彩君，《分布式绿色空间系统：可实施性的绿色基础设施》)

在具体操作层面，新城中分布式绿地结构的建立应该遵循以下两点：

（1）分布的合理性。在美国早期的口袋公园建设中，公园的选址往往只能依附于已有的建成环境进行见缝插针式的设计，这主要是受到了已有城市格局的限制，导致了公园分布的平均性得不到保证，这也是老城中这一类"翻新型"绿地建设的弊端之一，所以规划的工作之一就是要在新城建设之初从城市整体层面对分布式绿地结构的位置通过对公园绿地服务半径或者不同类型的使用者出行可接受的最长交通时间等因素的分析进行设置。如在已有的公园绿地服务半径建议中，克莱尔·库伯·马库斯在其所著的《人性场所——城市开放空间设计导则》中曾说道："很少有口袋公园的使用者会步行穿越四个以上的街区到公园里去游玩，大部分游客来自 1～2 个街区为半径的地区；（克莱尔·库珀·马库斯，卡罗琳·弗朗西斯，2001）"我国绿地系统分类中最小的公园类型——小区游园，其服务半径在 300～500m 之间；《英国自然绿地可达性标准》（Standards for accessible natural green space）要求，距居住地 300m 内应有面积达 2hm² 的自然绿地，距离居住地 2km 内至少有一个 20hm² 的绿地，距离居住地 5km 内有一个 100hm² 的绿地，距离居住地 10km 内要有一个 500hm² 的绿地，这些都可以成为分布式绿地结构布局时可以参考的数据。而使用者出行可接受的最长交通时间也是一种十分简便且有效的方法，例如对商业办公区的工作人员来说，其要求在办公区域内能够享受到绿地空间且可接受的最大步行时间平均为 10min，那么以步行速度 1m/s 计算，最大出行距离平均为 600m，那么这就可以成为高密度的商业办公区小型绿地结构设置可以参考的半径距离。而在设置之后，还可以根据所确定的服务半径通过 ArcGIS 等辅助软件进行公园可达性分析，对规划进行修正。

（2）建立门口的自然景观。对于分布式绿地结构中的每一片独立的场地来说，其是否能够营造出一种自然存在于城市之中的气氛将直接影响到分布式绿地结构在城市与自然融合理念中的表达。地域自然氛围的营造针对的是分布式绿地结构中的每一个个体，强调要将其作为城市中的自然片段进行设计。在以往的城市建设中，城市内部远离自然区域的绿地建设往往只重视其作为城市绿地率计算指标的作用，这就导致绿地的建设只片面追求其"绿色"的特征，而忽视其所在地域的自然景观意向的塑造，在这一点上英国对其口袋公园建设的定义可以给予我们一定的借鉴。当地政府将其城市内部公园建设的意义描述为："在进行口袋公园建设之前，人们只能在绿道网络、城市外围的乡村公园、森林公园和自然保护区之内领略到自然风光，而口袋公园的建设将使得人们在自家门口就能欣赏到乡村的自然风光"，其注重的就是一种自然景观在城市生活中的重现，这也秉承了英国一贯的重视乡村自然景观塑造的传统，而这也正是国内绿地建设所缺乏的。地域自然氛围的营造取决于人们对自然的一种认识，通过各个场地对所在地域或场地本身所承载的自然信息的选择性表达，将拼凑出一个虽然空间上分离但在场所意向上得到延续的片段式的城市中的自然。

在哥本哈根夏洛特社区花园的塑造中：整个花园位于内陆，被"U"形的住宅区环绕，面积 1.3hm²，是一片远离自然的较为孤立的场地。但在满足社区使用功能的基础上，设计师却将其打造成了一片滨海的自然植物风光景象，在植物的选取上，通过引入本地草、兰酥油草、巴尔干兰草和紫摩尔草，创造一种斯堪的纳维亚地区的典型自然植物景观，为的就是传达该片区域在历史上濒临海面的信息（图 5-58、图 5-59）。

在法国巴黎图书馆下沉庭院的塑造中：法国巴黎国家图书馆位于巴黎市区的东南角，坐落在塞纳河沿岸，东侧与著名的贝尔西公园隔河相望，主体由四座如书一般打开的高层建筑组成，其下沉庭院就位于四座建筑中部的木质广场的中心部位。整个下沉庭院面积 10782m²，其设计理念是再造"城市中的森林"，为了与图书馆的整体气氛相吻合，设计师多米尼克·佩罗（Dominique Perrault）将其隐喻为现实之中知识与罪恶之源的伊甸园，设计在整个庭院之中种植了 250 棵高大乔木，都呈自然生长状态，使其成了一片位于城市之中的人造自然片段，为图书馆的使用者提供了一处远离城市喧嚣的宁静之处（图 5-60～图 5-62）。

在关于口袋公园发展变化的趋势中已经指出，作为一种分布于城市各处的小型绿地结构，其涵盖的范围与尺度类型越来越宽泛，除了类似上述案例中的小型绿地空间类型外，某些位于城市内部区域的较大面积的开放式绿地公园也应列入整体的分布式绿地结构之中，并在建设的过程中通过"门口自然景观"的塑造使其在自然地域意向表达和生态性发

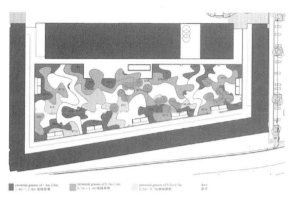

图 5-58　夏洛特花园平面　　　　　　　图 5-59　夏洛特花园营造的自然氛围

（图片来源：http://www.sla.dk/byrum/charlogb.htm）

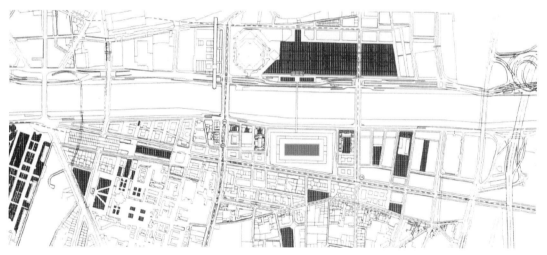

图 5-60　法国巴黎国家图书馆下沉庭院区位

（图片来源：《多米尼克·佩罗建筑师事务所》）

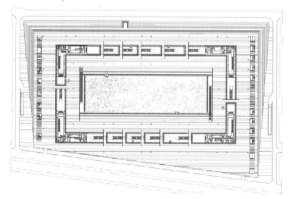

图 5-61　下沉庭院平面图　　　　　　图 5-62　下沉庭院营造的"城市森林"氛围

（图片来源：《多米尼克·佩罗建筑师事务所》）

挥上体现尺度上的优势和发挥更大的影响作用。在这一层面上，山东龙口黄县林苑为我们提供了较好的实践参考。

山东龙口黄县林苑位于黄县老城之中，面积 26hm²，是一片典型的城市中的绿色飞地，由北京多义景观规划设计事务所主持景观提升改造，笔者有幸在博士期间参与了其前期设计过程并在建成伊始对其进行了现场调研。公园景观提升改造之初的场地现状为大面积的林地及简易的步道场地设施，场地较为平坦，植物品种及种植方式单一。改造设计在满足城市公园景观使用功能的基础上，最能凸显其特色的是自然景观系统及氛围的二次营造。首先，设计对场地之上原有的大面积林地进行了充分保留，在此基础上完善植物种类与层次，将原有的人工化痕迹过于明显的植物种植转化为更为自然生态的植物群落景观，高密度的植被群落形成自然景观风貌的基底；其次，中心景观湖的开挖及公园地形的重新塑造丰富了场地的竖向变化，形成自然景观风貌的骨架，同时景观湖作为水生生态系统单元为场地置入了新的自然过程发生载体，与地形塑造的结合既在一定程度上解决了场地雨水管理问题也使得陆地生态系统与水生生态系统的相互连接性增强；最后，公园道路、场地及建筑等人工设施的设计充分考虑减少对用地自然空间氛围的不良影响，在满足合理功能密度的基础上尽量缩减不合理的空间尺度，避免"大而无当"的道路、场地及设施等的出现，健身路径、林中漫步路径、花园体验路径和历史路径形成串联整体公园自然景观风貌的线形游览路径，也将人与自然连接起来（图5-63～图5-67）。

图 5-63　黄县林苑改造前现状　　　　　　图 5-64　黄县林苑景观设计平面图

（图片来源：北京多义景观规划设计事务所提供）

正如公园设计师王向荣、林箐教授说的那样："城市公园应该是城市中的一片绿洲，有新鲜的空气和优美的环境，让人们赏心悦目，身心健康；它应当是一个平等的社会场所，为各个阶层和各个年龄的人们提供运动、休闲、娱乐和享受美好生活的场所并促进社会融合；它应当具有独特的艺术面貌，为人们提供多样的视觉体验和美的熏陶，提升人们的艺术鉴赏力；它应当是城市自然系统的一部分，创造并维护生物多样性，消纳雨水，使用环保材料，易于维护；它应当是自然和文化教育的场所，让青少年在美好的环境中认识自然，了解历史，启迪他们的智慧，激发他们的天性，让他们健康成长。"

图 5-65 公园中新置入的水生生态系统

图 5-66 保留林地下的步行空间

图 5-67 黄县林苑建成效果鸟瞰

(图片来源：王向荣，林箐，《山东省龙口市黄县林苑》)

5.4 小结

新城绿地整合体系的构建是本研究的核心部分，将新城绿地整合分为了三个核心的步骤与模式，分别是绿地作为区域生态保护的整合、绿地作为中间领域的整合和绿地作为连接与渗透的整合，每种不同的模式又从意义、范畴和具体操作方法三个不同层面进行解读，并结合大量案例说明其在具体操作中的重要性及可行性。

绿地作为生态保护的整合强调了新城建设中区域生态绿地建设的重要性及其在新城绿地整合体系中的基础性作用。在此基础上，提出了基于新城区域生态绿地体系构建的三个不同层次的方法，分别为适宜性评价方法的引入、控制性绿地结构的建立和控制性绿地政策和监管模式的建立。其中适应性评价方法的引入强调的是先期对新城规划区域自然环境的评估，是后续方法进行的前提；控制性绿地结构的建立强调的是对具有保护价值的自然资源进行保护空间范围的划定与土地利用功能的确定；控制性绿地政策和监管模式的建立是在控制性绿地结构建立的基础上通过政策的强制性与监管的实时性确保对区域生态绿地的保护与管理，避免由于尺度问题而导致的图纸规划在实际操作中的局限。三个不同层次的方法依次开展，共同保证了绿地整合性在区域层面的发挥（图 5-68）。

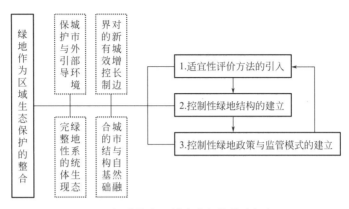

图 5-68　绿地作为区域生态保护整合框架图

　　绿地作为中间领域的整合主要包括自然要素景观功能化、自然过程景观重建化、城市要素景观设施化和城市事件景观引入化四个部分，分别针对自然与城市实体要素与非实体的过程与事件。绿地中间领域的形成需要这四个部分形成相互作用的机制：以自然为导向的前两种方法强调的是地域自然特色的凸显，是绿地中间领域形成的基础；而以城市为导向的后两种方法强调的是绿地中间领域对促进新城形成一种综合协同开发模式的重要作用，这一点对于新城建设来说尤为重要。在当下的新城建设中，"综合协同开发"的模式已经开始越来越受到人们的重视，如在宁波慈溪新城河的沿岸开发项目中，70m 宽的河道成为新城开发的主轴线，以此带动沿岸 100m 宽的绿地建设和 2000m 宽的城市风貌建设带，布置城市未来的行政、文化、商业、休闲、居住等功能（赵铁铮，赵杨，2010）（图 5-69）。又如在北京通州新城运河核心区的开发项目中，滨河绿地的建设与城市功能结构的建设相结合，沿北运河与通惠河的放射状生态绿化走廊布置文化商务休闲、高端商务、会展综合服务等新城核心功能结构（图 5-70）。这样的开发建设模式打破了过去传统

图 5-69　宁波慈溪新城河沿岸综合开发
（图片来源：http://gh.cixi.gov.cn/）

图 5-70　北京通州新城运河核心区综合开发
（图片来源：http://www.bjtzh.gov.cn/index.html）

的城市分块开发建设的机械方式，是将自然、绿地和城市融为一体，在土地集约利用的方式下实现了综合效益的最大化（图 5-71）。

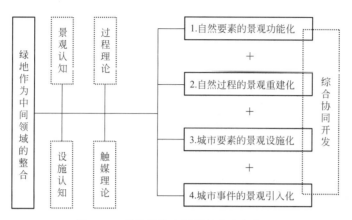

图 5-71 绿地作为中间领域整合框架图

　　绿地作为连接与渗透的整合主要是对绿地在城市与自然的连接与渗透作用展开论述，强调其从边界到整体、流动性、平等性和整合体系自身完善性四方面意义与其形态上的线形与小型斑块式特征在土地集约式利用模式中的优势，将具体的规划设计方法归纳为绿地与线形自然要素的结合、绿地与线形交通设施的结合和建立口袋公园模式的分布式绿地结构三个方面。绿地与线形自然要素的结合主要分为水系绿地空间结构和山谷绿廊空间结构两种模式，突出新城建设中结合自然要素的应用；绿地与线形交通设施的结合主要包括绿地与城市道路、轨道交通的结合，突出 TOD 模式在新城中的应用；口袋公园模式的分布式绿地结构则强调在新城建设中小型绿地斑块分布式结构的建立及其作为城市之中自然片段的渗透性作用（图 5-72）。

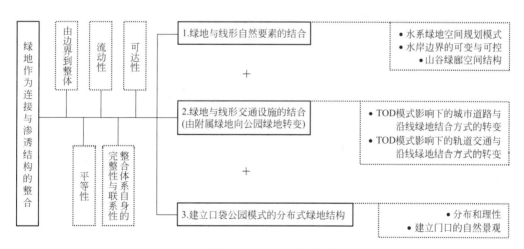

图 5-72 绿地作为连接与渗透结构整合框架图

　　基于城市与自然融合的新城绿地整合体系构建的概念图示推演有助于对本章阐述内容进行更直观的理解（图 5-73）。

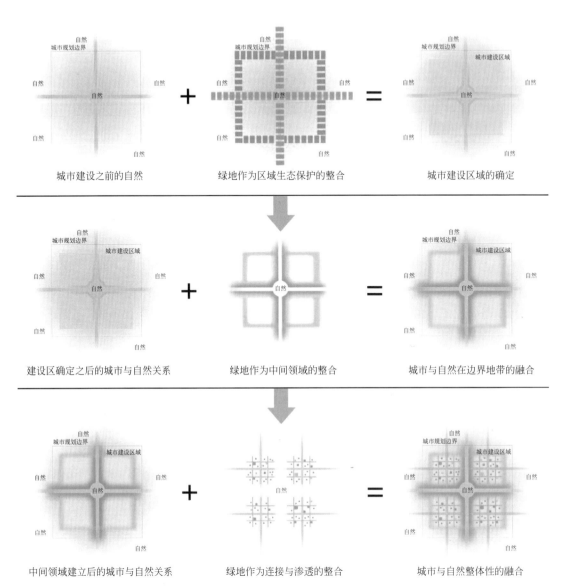

城市建设之前的自然　　　　　绿地作为区域生态保护的整合　　　　　城市建设区域的确定

建设区确定之后的城市与自然关系　　　绿地作为中间领域的整合　　　　城市与自然在边界地带的融合

中间领域建立后的城市与自然关系　　　绿地作为连接与渗透的整合　　　　城市与自然整体性的融合

图 5-73　基于城市与自然融合的新城绿地整合方法概念图示

6 结论与展望

6.1 主要观点与结论

（1）城市与自然、侵占与包容，两者自共存伊始就是一对难以调和又相互影响的矛盾共同体，这集中突出地体现在大规模、粗放式工业发展阶段城市建设对自然的侵占与破坏，而从更加广义的层面来说城市扩张本身对自然土地性质的置换是一种城市建设必然引发的两者在空间关系上的矛盾。对于中国这样一个并没有彻底经历工业化阶段又人口众多的国家来说，城市与自然的矛盾主要体现的就是这样一种空间关系上的矛盾，而针对当下国内城市化进程的发展阶段，城市与自然的空间矛盾又突出体现在大规模的新城建设活动中。本研究并不是站在反对城市建设的极端立场上来强调对于自然的保护，也并不是强调"回归田园"这样一种对于城市结构的消解，而是承认城市建设的必要性及矛盾的存在并试图在这样的矛盾中寻求一个能够促进城市与自然融合的平衡点。

（2）城市与自然的融合是伴随着城市与人们对自然认识的发展而产生的一种理念，它并不归属于任何一个单一的学科或者是任何一个具体的形态，其应该更多强调各相关专业在处理各自领域具体问题时能够对其产生的促进作用。本研究将城市绿地建设作为促进城市与自然融合的途径之一进行探讨，并且将之与当下国内城市与自然空间矛盾体现最为突出的新城建设相结合，目的就是要在风景园林专业背景下对城市与自然的融合进行自身专业领域内的且具有针对性的探索与实践。

（3）新城绿地属于城市绿地整体的范畴，但由于新城作为一种特殊的城市规划建设单元，其自身的建设往往具有各阶段城市发展理论与形态的前沿性与典型性特征，这也就使其体现了一种较为全面和明显的传承性。所以新城绿地就成了一种具有重要研究价值的城市绿地类型，对新城绿地的研究不能忽略新城发展的历史及城市规划理论对其的影响。本研究从总体角度对世界范围内具有典型意义的新城及其绿地建设进行了回顾，主要选取英国、法国、日本、中国香港和内地的新城建设作为主要研究对象，将其划分为"从乌托邦到田园城""从田园城到新城"和"后新城时代"三个发展阶段，有针对性地分析各阶段新城绿地的特点及其在城市与自然关系方面的作用。通过分析可以看到，新城绿地的发展变化与城市形态与理论的发展具有十分紧密的同步性，同时以往新城的绿地建设也存在很多历史局限性的问题，所以当下新城绿地建设不能通过照搬形式的方法来构建自身体系，而是应该在吸取与传承的基础上与当下城市建设的新理论、新方法相结合，这就为我们在当下提出新城绿地整合体系的构建提供了借鉴与参照。

（4）整合性是基于城市与自然融合的理念提出的，强调的是融合的产生需要通过整合模式来实现。本研究将整合的价值观总结为：联系性、多样性、过程性与经济性，整合模式的建立需要将城市与自然看作是由一系列不同要素相互作用构成的系统，整合的目的是要通过建立某种联系机制使得这个系统中的各个要素能够实现有序结合并同时保持各要素之间的独立个性。对于城市与自然要素来说，由于两者构成要素种类繁多且相互属性各不相同，所以整合就需要引入一种属性互补的中间要素进行具有针对性的建序，同时这种要素还要能够适应城市与自然动态性变化的特征，于是绿地的尺度类型多样化、开放性、平面性、生长性等特征就为其参与这样一种建序提供了优势。同时建序的过程应该是一个自上而下的过程，在这一点上新城自上而下的规划建设模式也使其相对于既定城市结构的老城拥有更大的优势与更加全面的指导意义。

（5）新城绿地整合性的发挥既要体现新城建设的新问题、新理念与城市绿地的相互影响，同时也要在城市绿地分类体系的框架下对绿地类型及建设方式进行选择与建议，最终的目的还是要引发人与自然的交流与融合。本研究针对新城绿地整合性的发挥提出了应分为三个不同层面的整合体系：绿地作为区域生态保护的整合、绿地作为中间领域的整合和绿地作为连接与渗透的整合。绿地作为区域生态保护的整合体现的是绿地在促进城市与自然宏观结构层面上融合的作用，依托的是广义绿地概念中的区域生态绿地体系，通过适宜性评价方法的引入、控制性绿地结构及政策监管模式的建立，确定城市建设区域并对建设区与规划区之间的自然要素进行保护与管控，新城规划尺度的适中性使其操作性与针对性更强，相当于是对所在城市地区整体市域绿地体系的进一步细化与完善。绿地作为中间领域的整合体现的是绿地在城市要素与自然要素紧密结合地带的过渡性作用，促进的是区域保护层面下两者在边界地带的融合，在新城建设中作为中间领域的绿地不仅仅指城市边缘地区的农业过渡带，还包括在城市核心区域引发的城市与自然要素边界地带的融合。基于这一构想，研究从自然要素景观功能化、自然过程景观重建化、城市要素景观设施化和城市事件景观引入化四个方面对绿地作为中间领域的整合进行了进一步的方法解构。绿地作为连接与渗透的整合体现的是绿地在城市远离自然要素的内部区域起到的结构联系与作为深入城市内部的"自然片段"的作用。绿地连接与渗透结构强调的是一种绿地的线形与分布式结构的建立，其与城市要素及人们日常生活的关系更加紧密。

6.2 创新性归纳

（1）新城绿地研究的针对性与时效性

本研究将新城作为当下城市与自然关系矛盾的重点，突出新城绿地与新城不同发展阶段所应用的城市规划理论与形态之间的关系与相互影响，弥补以往对于新城绿地研究的不足。同时新城建设在国内还处在迅速发展的时期，针对新城绿地的研究具有很强的时效性与现实意义。

（2）整合理念与绿地的结合

整合是系统论中的核心理念，整合的核心是为了建立城市与自然结合的有机性，最终体现以人为本的思想。本研究将系统论中的整合观点与新城绿地的建设相结合并将其作为新城绿地建设中解决城市与自然矛盾的核心方法论，与以往就绿地论绿地的方法相比突出了绿地在解决城市与自然融合方面的针对性。

（3）跨学科交叉的研究视野

风景园林学科本身所涵盖领域之广使其具有十分明显的跨学科特征，本研究正是建立在风景园林学科跨领域的研究视野与思维方式之上，基于城市与自然融合的新城绿地整合性的建立涉及历史、哲学、自然、规划、绿地等多个学科领域之间的交叉研究，同时将景观都市主义、绿色基础设施及新城市主义作为新城绿地整合的三大理论借鉴，为研究在更全面和更广阔的视野下进行新城绿地整合体系构建提供了基础。

（4）新城绿地整合体系的构建

本研究针对新城绿地建设提出了一套较为完整的以城市与自然融合为导向的绿地整合体系，在建立意义、范畴类型、构建方法三个不同层面的解析下，既强调体系中所涉及绿地类型在以往城市绿地建设过程中存在的问题，也强调对于新城建设新特征的结合，通过理论与实践结合论证的方式，使每一个具体方法都有理可依，有据可循，注重新城绿地整合体系实施的可行性。

6.3 研究尚待完善之处

（1）对建筑、城市规划、城市设计等相关领域需要更进一步的了解

新城绿地的整合性强调的是城市与自然双重效益的发挥，这其中重要的一环就是绿地与城市其他要素之间的交叉与相互影响，又加之新城对城市各方面统一规划的协调性，这就需要城市绿地在规划与设计层面更多地与建筑、城市规划、城市设计等相关领域进行合作。本研究的写作在很多方面都试图对这些领域进行一定的兼顾并突出绿地与其之间的相互影响，但由于专业阅历与相关实践经验尚浅，现阶段对这些相关领域的了解和认识还具有一定的局限性，所以在今后的学习与研究过程中还要进一步加强对相关专业领域的认识。

（2）根据地域性进一步细化研究

在中国这样一个地域广阔而且新城建设方兴未艾的国家，新城建设受地域性的社会经济因素影响很大，而城市建设所面临的自然要素同样具有地域性上的差别，这就导致了各地新城建设并不是完全处于同一个水平之上，所面临的城市与自然关系问题也不尽相同。研究中对于新城绿地整合体系的构建更多是从宏观层面上对具有普遍性意义的类型与方法进行了总结与提炼，所选择案例也多为较具有典型意义的成功案例，难免会导致对个别具有自身局限性或者地域独特性的案例缺乏有针对性的建议与评价。所以在宏观层面上根据地域性划分进行进一步的细化研究应该成为本研究后续的重点工作之一。

6.4 写在最后的话——引申与思考

城市的发展与建设一直是经济发展、科技进步的最直观的外在体现之一，在当下国内这一点集中体现在各种类型的新城开发项目之中。越来越多的宏伟绚丽的建筑和宽阔笔直的路网所带来的视觉冲击让建设者在沾沾自喜的同时将城市建设所依托的自然与所要服务的对象——生活在城市中的人抛之脑后，"以人为本"也成了一句名不副实的口号。在这样的背景下重申城市与自然的融合突出的是在快速城市化时期的一种对城市与自然关系的理性思考，其本质是在承认城市必然发展趋势的前提下强调尽量避免对自然不必要的破坏并促进人与自然的融合，而不应打着生态文明的旗号走工业文明的老路。国内新城建设还将是一个持续化的过程，从长远的眼光来看，新城建设中是否能正确处理城市与自然的关系将在很大程度上决定新城建设的质量与环境品质，同时也应该成为避免"千城一面"问

题的最终解决方案。

　　本研究通过新城绿地整合性的研究与体系的构建，意在为新城绿地建设提供一种针对城市与自然融合的建设思路，将促进城市与自然融合作为新城绿地建设的目的与形式来源，而不应仅仅把绿地当作是城市美化的工具。同时，依托于绿地的整合只是促进城市与自然融合的一方面，在这个过程中还需要其他各相关专业、城市建设部门和政府领导部门建立一种从上至下的城市与自然融合的理念，多方共同推动形成合力，只有这样才能够将各种资源整合起来并发挥一种长效机制，最终实现一种"在自然中建造城市与在城市中建造自然"的过程。

　　对于新时代的风景园林师来说，随着学科范围的拓展和相关专业交叉性的越来越强，风景园林师的实际工作范围应该得到更进一步的扩展，除了对传统的风景园林规划与设计领域的坚守与创新，还应该更多地介入能在更大层面影响"人地关系"的景观评价、资源管理，甚至是土地规划等领域，发挥风景园林师在这些层面的作用，并使风景园林思想更多地影响相关专业与领域的实践活动。

参考文献

[1] （法）多米尼克·佩罗建筑师事务所.世界建筑［J］.1999（Z1）：77-87.

[2] （法）多米尼克·佩罗建筑师事务所.城市环境设计［J］.2013（09）：108-117.

[3] （荷）根特城市研究小组著.敬东,谢倩译.城市状态：当代大都市的空间、社区和本质［M］.北京城市节奏科技发展有限公司,2005.

[4] （加）迈克尔·哈夫著.刘海龙,贾丽奇,赵智聪,庄优波译.城市与自然过程——迈向可持续性的基础（原著第二版）［M］.北京：中国建筑工业出版社,2012.

[5] （美）阿尔弗雷德·维克.低影响的土地开发：注重保护自然过程［J］.中国园林.2009（10）：82-87.

[6] （美）贝塔朗菲著.林康义,魏宏森译.一般系统论：基础、发展和应用［M］.北京：清华大学出版社,1987.

[7] （美）伯纳德·鲁道夫斯基（Bernard Rudofsky）编著.高军译,邹德侬审校.没有建筑师的建筑：简明非正统建筑导论［M］.天津：天津大学出版社,2011.

[8] （美）帕特里克·米勒.姜珊译,刘宾谊校.美国的风景管理：克莱特湖风景管理研究［J］.中国园林,2012（3）：15-21.

[9] （美）唐纳德·沃斯特著.侯文蕙译.自然的经济体系——生态思想史［M］.北京：商务印书馆,1999.

[10] （美）查尔斯·瓦尔德海姆著.刘海龙,刘东云,孙璐译.景观都市主义［M］.北京：中国建筑工业出版社,2011.

[11] （美）简·雅各布斯著.金衡山译.美国大城市的死与生［M］.南京：译林出版社,2006.

[12] （美）克莱尔·库珀·马库斯,卡罗琳·弗朗西斯.人性场所——城市开放空间设计导则［M］.北京：中国建筑工业出版社,2001.

[13] （美）克莱尔·库珀·马库斯,卡罗琳·弗朗西斯著.俞孔坚,孙鹏,王志芳译.人性场所——城市开放空间设计导则［M］.北京：中国建筑工业出版社,2001.

[14] （美）刘易斯·芒福德著.倪文彦,宋俊岭译.城市发展史：起源、演变和前景［M］.北京：中国建筑工业出版社,1989.

[15] （美）伊恩·麦克哈格著.芮经纬译.设计结合自然［M］.北京：中国建筑工业出版社,2005.

[16] （美）伊利尔·沙里宁著.顾启源译.城市：它的发展、衰败与未来［M］.北京：中国建筑工业出版社,1986.

[17] （美）詹姆斯·科纳著.李霈译.地图术的力量：反思、批判与创新［M］.北京：中国水利水电出版社,2009.

[18] （日）针之谷钟吉著.邹洪灿译.西方造园变迁史——从伊甸园到天然公园［M］.北京：中国建筑工业出版社,2004.

[19] （瑞）马提亚斯·奥格连,丁利.曹妃甸生态城的公共空间及水系和绿化［J］.世界建筑,2009（6）：56-65.

[20] （瑞）乌尔夫·兰哈根,谭译.曹妃甸国际生态城规划综述［J］.世界建筑,2009（06）：17-27.

[21] （英）戴维·佩珀著.宋玉波,朱丹琼译.现代环境主义导论［M］.上海：上海人民出版社,2011.

[22] （英）Tom Turner 著.林箐,南楠,齐黛蔚,侯晓蕾,孙莉译,王向荣校.世界园林史［M］.北京：中国林业出版社,2011.

[23] （英）埃比尼泽·霍华德著.金经元译.明日的田园城市［M］.北京：商务印书馆,2009.

[24] （英）怀特海著.杨富斌译.过程与实在［M］.北京：中国人民大学出版社,2013.

[25] （英）卡林沃思,纳丁著.陈闽齐译.英国城乡规划［M］.南京：东南大学出版社.2011.

[26] （英）迈克尔·布鲁顿,（英）希拉·布鲁顿.于立胡,伶倩译.英国新城发展与建设［J］.国外规划研究.2003（12）：78-81.

[27] （英）汤姆·特纳,李滢.园林与城市化——面向21世纪的风景园林教育［J］.风景园林.2011（03）：132-139.

[28] 《辞海》第6版缩印本.上海：上海辞书出版社,2010.

[29] 《现代汉语词典》第 6 版.北京：商务印书馆，2012.6.

[30] 艾伯亭.香港新城规划建设对天津的启示 [J].城市,2009 (07)：6-9.

[31] 不列颠百科全书（国际中文版第 12 卷）[M].北京:中国大百科全书出版社，1999.

[32] C3 Landscape.国际新锐景观事务所作品集 SLA [M].大连:大连理工大学出版社，2008.

[33] 陈岸瑛.关于"乌托邦"内涵及其概念演变的考证 [J].北京大学学报(哲学社会科学版)，2000 (01)：123-131.

[34] 陈畅，周长林."生态导向"型控制性详细规划——以中新天津生态城控制性详细规划为例 [A].规划创新:2010
中国城市规划年会论文集 [C].中国城市规划学会,2010.

[35] 陈成文，刘剑玲.中国城市化研究二十五年 [J].中南大学学报(社会科学版)，2004 (5)：564-569.

[36] 陈高明.从花园城市到田园城市——论农业景观介入都市建设的价值及意义 [J].城市发展研究,2013 (03)：
25-28.

[37] 陈洁萍，葛明.景观都市主义谱系与概念研究 [J].建筑学报,2010 (11)：1-5.

[38] 陈洁萍，葛明.景观都市主义研究——理论模型与技术策略 [J].建筑学报，2011 (03)：1-5.

[39] 陈劲松.新城模式——国际大都市发展实证案例 [M].北京:机械工业出版社，2006.

[40] 陈李波，郑涛.论城市与自然环境和谐的可能性 [J].武汉理工大学学报,2007 (12)：158-161.

[41] 陈爽，王进，詹志勇.生态景观与城市形态整合研究 [J].地理科学进展,2004 (05)：67-77.

[42] 《城市规划基本术语标准》(GB/T 50280-98).

[43] 《城市绿地分类标准》(CJJ/T 85-2002).

[44] 谌利民.世界新城发展的趋势和最新理念 [J].经济与管理研究,2009 (10)：101-104.

[45] 成峰，中国城市规划学会.规划 50 年——2006 中国城市规划年会论文集 [C].北京:中国建筑工业出版
社，2006.

[46] 单皓.美国新城市主义 [J].建筑师,2003 (03)：4-19.

[47] 邓卫.香港的新市镇建设及其规划 [J].国外城市规划,1995 (4)：7-11.

[48] 冯潇.现代风景园林中自然过程的引入与引导研究 [D].北京:北京林业大学，2009.

[49] 傅凡，赵彩君.分布式绿色空间系统：可实施性的绿色基础设施 [J].中国园林,2010 (10)：22-25.

[50] 葛永林.整体论、系统论与复杂性理论及其归宿 [J].徐州工程学院学报(社会科学版)，2013 (2)：21-26.

[51] 何昉，叶枫.寓情山水石景谱写大运之道——深圳市龙岗体育新城大运重点项目景观总体规划设计 [J].风景园
林,2011 (04)：24-31.

[52] 黑川纪章，吴焕加.模糊、不定性及中间领域 [J].世界建筑,1984 (06)：94-101.

[53] 洪亮平.城市设计历程 [M].北京:中国建筑工业出版社，2002.

[54] 胡一可，刘海龙.景观都市主义思想内涵探讨 [J].中国园林,2009 (10)：64-68.

[55] 黄宏伟.整合概念及其哲学意蕴 [J].学术月刊,1995 (09)：12-17.

[56] 贾俊，高晶.英国绿带政策的起源、发展和挑战 [J].中国园林,2005 (03)：69-72.

[57] 金经元.奥姆斯特德和波士顿公园系统 [J].城市管理,2002 (2)：11-13.

[58] 敬东，石德亮.构筑区域整体性与差异性相统一的上海新城空间结构体系 [J].上海城市规划,2011 (05)：7-13.

[59] 李道勇，运迎霞，董艳霞.轨道交通导向的大都市区空间整合与新城发展——新加坡相关建设经验与启示 [J].
城市发展研究,2013 (06)：8-11.

[60] 李海龙.中国生态城建设的现状特征与发展态势:中国百个生态城调查分析 [J].城市发展研究,2012 (08)：
1-8.

[61] 李景奇.走向包容的风景园林——风景园林学科发展应与时俱进 [J].中国园林,2007 (08)：85-89.

[62] 李俊生，张晓岚，吴晓莆，全占军，范俊韬.道路交通的生态影响研究综述 [J].生态环境学报,2009 (03)：
1169-1175.

[63] 李开然.绿色基础设施：概念，理论及实践 [J].中国园林,2009 (10)：88-90.

[64] 李平华，陆玉麒.可达性研究的回顾与展望 [J].地理科学进展,2005 (03)：69-78.

[65] 李强.从邻里单位到新城市主义社区——美国社区规划模式变迁探究 [J].世界建筑,2006 (07)：92-94.

[66] 李婷.基于 GIS 的低丘缓坡建设用地适宜性评价研究——以禄丰县为例 [D].昆明:昆明理工大学，2002.

[67] 李迅.关于中国城市发展模式的若干思考 [J].城市,2008 (11)：23-33.

[68] 梁思思.基于场所和自然的新城总体设计理念探索与实践——以以色列莫迪英新城规划为例 [J].规划师,2013

　　　　　（1）：93-97.

[69]　梁伟，杨军.城乡统筹视角下北京新城绿地规划与建设［J］.北京规划建设,2009（S1）：193-196.

[70]　林仲煜.近郊新城可持续形态的构建［D］.重庆：重庆大学,2009.

[71]　刘畅，石铁矛，赤崎弘平，姥浦道生.日本城市绿地政策发展的回顾及现行控制性绿地政策对我国的启示［J］.城市规划学刊,2008（2）：70-76.

[72]　刘东云.景观都市主义的涌现［J］.中国园林,2012（11）：87-91.

[73]　刘健.基与区域整体的郊区发展——巴黎的区域实践对北京的启示［M］.南京：东南大学出版社，2004.

[74]　刘佳燕.借鉴国际经验，适时推动我国大都市区新城建设——以广州新城概念规划为例［J］.规划师,2003（10）：16-19.

[75]　刘捷.城市形态的整合［M］.南京：东南大学出版社,2004.

[76]　刘劲杨.构成与生成——方法论视野下的两种整体论路径［J］.中国人民大学学报,2009（04）：81-88.

[77]　刘颂，钱仁赞.新西兰《资源管理法》框架下风景园林师的实践领域［J］.风景园林,2008（1）：78-81.

[78]　刘颂，张莉.TOD模式下的风景园林规划设计趋势探讨［J］.风景园林,2012（06）：104-107.

[79]　刘颂，刘滨谊，温全平.城市绿地系统规划［M］.北京：中国建筑工业出版社,2011.

[80]　刘亚臣，周健.基于"诺瑟姆曲线"的我国城市化进程分析［J］.沈阳建筑大学学报(社会科学版)，2009（1）：37-40.

[81]　卢求.德国可持续城市开发建设的理念与实践——慕尼黑里姆会展新城［J］.世界建筑,2012（09）：1-6.

[82]　罗仁朝.新城市主义的理论价值与现实选择［J］.规划师,2003（11）：102-104.

[83]　罗震东，薛雯雯.荷兰的绿色城市：豪滕新城的发展历史与规划实践［J］.国际城市规划,2013（3）：22-28.

[84]　马提亚斯·奥格连，丁利.曹妃甸生态城的公共空间及水系和绿化［J］.世界建筑,2009（06）：56-65.

[85]　牛慧恩.美国对棕地的更新改造与再开发［J］.国外城市规划,2001（2）：30-31.

[86]　庞跃辉.论整合［J］.浙江社会科学,2006（05）：127-131.

[87]　彭文英.北京新城环境及建设问题探讨［J］.城市,2009（10）：61-66.

[88]　朴昌根.系统学基础［M］.上海：上海辞书出版社,2005.

[89]　钱学森主编，吴义生副主编.现代科学技术与技术政策［M］.北京：中共中央党校出版社,1991.

[90]　全文燕.城市高架轨道交通线性景观研究［D］.南京：南京林业大学,2012.

[91]　荣玥芳，徐振明，郭思维.城市事件触媒理论解读［J］.华中建筑,2009（09）：79-95.

[92]　上海市城市规划设计院.临港新城总体规划［J］.上海城市规划,2009（04）：11-26.

[93]　苏珊.基于生态学角度浅谈城市滨水区水系绿道设计［J］.南方建筑,2013（1）：41-43.

[94]　孙筱祥.风景园林（LANDSCAPE ARCHITECTURE）从造园术、造园艺术、风景造园——到风景园林、地球表层规划［J］.中国园林,2002（04）：87-93.

[95]　同济大学城市规划教研室编.中国城市建设史［M］.北京：中国建筑工业出版社,1982.

[96]　屠凤娜.生态文明视野中的生态城市规划建设［J］.未来与发展,2011（04）：19-21.

[97]　汪劲柏.关于城市生态文明的研究及若干概念辨析［A］.2008中国城市规划年会论文集［C］.2008.

[98]　《韦林—哈特菲尔德地区规划2005》（Welwyn Hatfield District Plan 2005）.

[99]　王国恩，周恒，黄经南.基于GIS的城市"四区"划定研究——以阳逻新城为例［J］.中外建筑,2012（06），109-111.

[100]　王慧.新城市主义的理念与实践、理想与现实［J］.国外城市规划,2002（03）：35-38.

[101]　王绍增，李敏.城市开敞空间规划的生态机理研究（上）［J］.中国园林,2001（4）：5-9.

[102]　王向荣，林箐.风景园林与自然［J］.世界建筑,2014（02）：24-27.

[103]　王向荣，林箐.多义景观［M］.北京：中国建筑工业出版社,2012.

[104]　王晓阳，吕璐珊，崔亚楠.倡导低碳的生态城景观规划设计——以中新天津生态城起步区景观规划设计为例［A］.中国风景园林学会2011年会论文集（上册）［C］.2011.

[105]　王洋.论美国新城建设及其对中国的启示［J］.中国名城,2012（10）：59-63.

[106]　王一.从城市要素到城市设计要素——探索一种基于系统整合的城市设计观［J］.新建筑,2005（03）：53-56.

[107]　吴伟，付喜娥.绿色基础设施概念及其研究进展综述［J］.国际城市规划,2009（5）：67-71.

[108]　向俊波，谢惠芳.从巴黎、伦敦到北京——60年的同与异［J］.城市规划,2005（06）：19-24.

[109] 邢海峰.新城有机生长规划论 [M].北京:新华出版社，2004.

[110] 徐波，赵锋，郭竹梅.城市总体规划修编中对绿地系统规划的基本思考——关于北京城市绿地系统规划的研究与实践（一）[J].中国园林,2007（06）：75-77.

[111] 许浩.国外城市绿地系统规划 [M].北京:中国建筑工业出版社，2003.

[112] 许勇铁，李桂文.从宜兰厝看台湾地域空间建构的整合共生 [J].工业建筑,2013（01）：150-153.

[113] 杨丹.口袋公园案例研究与启示 [J].绿色科技,2012（04）：60-63.

[114] 杨富斌.论怀特海的过程哲学观 [J].求是学刊,2013（05）：23-32.

[115] 杨建华.城市公共空间景观设施品质的模糊综合评价 [J].武汉理工大学学报(社会科学版)，2013（04）：676-682.

[116] 杨俊宴，史宜，孙欣.山水环境下的新城空间分区适宜性评价——南京滨江新城的探索 [J].东南大学学报(自然科学版)，2012（06）：1132-1138.

[117] 杨莉.基于GIS的寻甸县低丘缓坡建设用地适应性评价研究 [J].地矿测绘,2016，32（1）：8 -11.

[118] 杨锐.景观都市主义：生态策略作为城市发展转型的"种子"[J].中国园林,2011（09）：47-51.

[119] 杨锐.文明转向与风景园林的使命 [J].风景园林,2010（03）：124.

[120] 余琪.现代城市开放空间系统的建构 [J].城市规划汇刊,1998（6）：49-57.

[121] 俞孔坚，袁弘，李迪华，王思思，乔青.北京市浅山区土地可持续利用的困境与出路 [J].中国土地科学,2009（11）：3-8.

[122] 俞斯佳，骆悰.上海郊区新城的规划与思考 [J].城市规划学刊,2009（03）：13-19.

[123] 张捷，赵民.新城规划的理论与实践——田园城市思想的百年演绎 [M].北京:中国建筑工业出版社，2005.

[124] 张捷.当代我国新城建设的若干讨论——形势分析和概念新解 [J].城市规划,2005（5）：71-75.

[125] 张捷.新城规划与建设概论 [M].天津:天津大学出版社，2009.

[126] 张晋石.绿色基础设施——城市空间与环境问题的系统化解决途径 [J].现代城市研究,2009（11）：81-86.

[127] 张京祥.西方城市规划思想史纲 [M].南京:东南大学出版社，2005.

[128] 张文英.口袋公园——躲避城市喧嚣的绿洲 [J].中国园林,2007（04）：47-53.

[129] 赵成.生态文明的兴起及其对生态环境观的变革 [D].北京:中国人民大学：2006.

[130] 赵铁铮，赵杨.整合发展的机遇与挑战——新城中心区绿色开放空间规划策略研究 [C].和谐共荣——传统的继承与可持续发展:中国风景园林学会2010年会论文集（上册）：2010.

[131] 郑曦.城市新区景观规划途径研究 [D].北京:北京林业大学：2006.

[132] 郑曦，孙晓春.以城市事件为推动力的城市发展与环境景观建设 [J].风景园林,2006（02）：72-77.

[133] 郑颖.上海新城建设中的景观"迪斯尼化"倾向 [J].现代城市研究,2009（02）：52-58.

[134] 2010 中华人民共和国住房和城乡建设部编.中国城乡建设统计年鉴（2009年）[M].北京:中国计划出版社，2010.

[135] 钟暎.法国新城塞尔吉蓬图瓦兹简介 [J].城市规划研究,1981（01）：70-76.

[136] 周维权.中国古典园林史 [M].北京:清华大学出版社，1990.

[137] 周文斌.北京卫星城与郊区城市化的关系研究 [J].中国农村经济,2002（11）：71-77.

[138] 周向频，刘源源.轨道交通发展对城市景观影响的研究现状与展望 [J].城市规划学刊,2011（04）：75-81.

[139] 朱建宁编著.西方园林史——19世纪之前 [M].北京:中国林业出版社，2011.

[140] 朱捷，宋秋明.基于景观都市主义的城市新区设计方法初探——以重庆梁平县双桂湖片区城市设计为例 [J].室内设计,2010（06）：47-50.

[141] 朱渊，王建国."十次小组""流动性"解析与延展 [J].建筑学报,2010（04）：8-12.

[142] Ahern, Jack. 'Greenways as a planning strategy'. In Landscape and Urban Planning, vol. 33, 1995, pp. 131-55.

[143] Barry Commoner. The Closing Circle. New York, NY: Knopf, 1971.

[144] Benedict M, McMahon E. Green Infrastructure: Smart Conservation for the 21st Century [M]. Washington DC: Sprawl Watch Clearinghouse, Monograph Series, 2000. www. Sprawl watch. org/ green infrastructure. Pdf.

[145] Daniel Schaffer. Garden Cities for America-The Radburn Experience.

[146] David R. Phillips, Anthony G. O. Yeh, eds, New Towns in East and South-east Asia Planning and Development

[M]. Oxford: Oxford University Press，1997.

[147] Ebenezer Howard. To-morrow: A Peaceful Path to Real Reform，London: Swan Sonnenschein & Co.，Ltd.，1898.

[148] Francoise Chassaing. New Town Development in France and The United States [M]. The Johns Hopkins University Baltimore,1973.

[149] Frank Schaffer. The New Town Story [M]. MacGibbon & Kee Ltd. 1969.

[150] Frederic J. Osborn，Arnold Whittick. New Towns-Their Origins，Achievement and Progress [M]. Leonard Hill，1977.

[151] GUY M. Robinson. Urban spatial development and land use in Beijing: Implications from London's experiences [J]. Journal of Geographical Sciences,2011 (1)：49-64.

[152] Houck，Mike. 'The humane Metropolis: People and nature in the 21st Century'. Address to New York University，6-7 June 2002.

[153] Natural England. Standards for accessible natural greenspace [EB/OL]. [2010-01-04]. http://www. natural england. Org. uk/ ourwork/ enjoying/ places/ greenspace/ greenspaces tandards. Aspx.

[154] Pablo Molestina，Andreas Ruby. Operative Landscapes [J]. Transform,1998 (2)：97-100.

[155] Pierre Merlin. The New Town Movement in Europe [J]. American Academy of Political and Social Science. 1980 (09)：76-85.

[156] Richard Harris and Peter Larkam，eds，Changing Suburbs. Foundation，Form，and Function，London: E and FN Spon，1999.

[157] Simon Swaffield. Theory in landscape architecture A reader [M]. University of Pennsylvania Press. 2002.

[158] Stanley D. Brunn. Cities of the world: World Regional Urban Development [M]. Happer & Row，Publisher，New York. 1983.

[159] Tom Turner，Open Space Planning in Landon [J]. Town Planning Review,1992 (4)：58-62.

[160] Tom Turner. City as Landscape: a Post-postmodern View of Design and Planning [M]. Taylor & Francis,1996.

[161] Tuan Yi-fu. Topophilia: Study of Environmental Perception，Attitude and Values [M]. New Jersey: Prentice-Hall Inc，1974.

[162] Waldheim C. Park = city?: The Downs view Park Design Competition [J]. Landscape architecture,2001，91 (3)：98-100.

[163] Wu，J. The historical development of Chinese urban morphology. Planning Perspectives，1993，8：20-52.

[164] https://ahbelab. com/tag/zion-breen-associates/.

[165] https://en. wikipedia. org/wiki/Broadacre _ City # Plan.

[166] https://en. wikipedia. org/wiki/Central _ Park.

[167] https://en. wikipedia. org/wiki/Le _ Corbusier # /media/File：Plan _ Voisin _ model. jpg.

[168] https://en. wikipedia. org/wiki/Linear _ settlement.

[169] https://en. wikipedia. org/wiki/Meteora.

[170] https://cn. wikipedia. org/wiki/Pocket   park.

[171] http://gh. cixi. gov. cn/.

[172] http://guilin. mop. com/thread-20893-1-1. html.

[173] http://wiki. coe. neu. edu/groups/nl2011transpo/wiki/.

[174] http://www. asla. org/awards/2007/07winners/139 _ adyjg. html.

[175] http://www. asla. org/awards/2007/07winners/439 _ gftuw. html.

[176] http://www. bjtzh. gov. cn/index. html.

[177] http://www. cedd. gov. hk/sc/about/achievements/regional/regi _ tinshuiwai. htm.

[178] www. cnu. org.

[179] http://www. Japan. tama. html.

[180] http://www. landdesignlab. arch. vt. edu/VTGoogle _ 2009. zip.

[181] http://www. lgxc. gov. cn/.

［182］　http：//www. msafdie. com/♯/projects/newcityofmodiin.

［183］　http：//www. sasaki. com/project/111/greenacre-park/zh/.

［184］　http：//www. sla. dk/byrum/charlogb. html.

［185］　http：//www. thupdi. com/3620. html.

［186］　http：//www. west8. nl/cn/projects/all/groene _ loper _ a2 _ maastricht/.

［187］　http：//www. zhengdong. gov. cn/.

［188］　http：//zh. wikipedia. org/wiki/File：TaiPo _ New _ Town. jpg.

后 记

本书的选题起源于近年来风景园林学在研究与实践领域对于处理城市与自然关系问题的深度介入，而风景园林学在其中所体现出的价值与所能扮演的角色也逐渐受到相关政府部门、规划设计单位及研究学者的关注与认可。

书成至此，首先要感谢恩师王向荣教授和林箐教授。他们在风景园林专业领域的造诣和严谨的治学态度是我一直以来不断进取的动力和方向。在本书的构思和撰写过程中，两位老师在百忙之中与我一起进行了多次深入的探讨，并对内容的不足之处提出了宝贵的意见，尤其是他们在宏观层面对风景园林学研究与实践的深入思考使我受益匪浅。

感谢北方工业大学建筑与艺术学院党委书记张勃教授为本书出版提供机会，张勃教授在成书过程中对我的鼓励与指导使我更加坚定地完成了书稿的写作与修改；感谢学院领导与同事对我教学与研究工作的支持与帮助；感谢中国建筑工业出版社刘静编辑对于本书出版进行的辛勤工作。

最后，本书研究内容来自于作者近年来的研究积累，但由于专业学识及阅历的局限，书中相应内容与观点难免存在不足之处，有待今后继续补充完善。在此恳请各位专业同仁与读者批评指正。

张晋

2018 年 5 月